现代室内设计与应用探究

吴　剑　朱　潇　吴　静◎著

吉林科学技术出版社

图书在版编目（CIP）数据

现代室内设计与应用探究 / 吴剑，朱潇，吴静著
. -- 长春 : 吉林科学技术出版社，2023.6
ISBN 978-7-5744-0683-4

Ⅰ. ①现… Ⅱ. ①吴… ②朱… ③吴… Ⅲ. ①室内装
饰设计一研究 Ⅳ. ①TU238.2

中国国家版本馆 CIP 数据核字(2023)第 152844 号

现代室内设计与应用探究

著　　吴　剑　朱　潇　吴　静
出 版 人　宛　霞
责任编辑　赵海娇
封面设计　金熙腾达
制　　版　金熙腾达
幅面尺寸　185mm×260mm
开　　本　16
字　　数　274 千字
印　　张　12
印　　数　1–1500 册
版　　次　2023年6月第1版
印　　次　2024年2月第1次印刷

出　　版　吉林科学技术出版社
发　　行　吉林科学技术出版社
地　　址　长春市福祉大路5788号
邮　　编　130118
发行部电话/传真　0431-81629529 81629530 81629531
81629532 81629533 81629534
储运部电话　0431-86059116
编辑部电话　0431-81629518
印　　刷　三河市嵩川印刷有限公司

书　　号　ISBN 978-7-5744-0683-4
定　　价　75.00元

前言

随着生活水平的不断提高，人们对生活质量的要求也越来越高，对所居住的环境也有了更多的期待和要求。人们对居住环境的要求促进了室内设计行业的进步与发展，室内的空间利用、装饰艺术和陈设设计也成为室内设计的主要内容。为了满足人们对生活环境的生理和心理需求，需要在室内设计中融入更多的文化元素和文化底蕴。

近年来，中国经济以及建筑业迅猛发展，在强大的社会需求背景下，室内设计逐渐成为城市发展和建设的重要组成部分。室内设计是建筑设计的延伸，它既反映了社会分工、设计阶段的分化，也是社会生活精细化的结晶，是技术与艺术的完美结合。作为工业设计和陈设、装饰设计的先导，室内设计语言就是室内空间的艺术表达。它本身包含着十分复杂而具体的内容，它是一项综合的系统工程，有待于室内设计工作者和学习者不断地进行探索和研究。

室内设计具备良好的发展潜质，能够通过不同的装饰物和空间设计，提高室内空间的利用价值，给人焕然一新的感觉。不同风格的室内设计能够给人们带来不同的感官体验，因此，为满足人们不同的需求，为室内空间增加更多的表现力，需要进行不同风格的室内设计。

现代室内设计不是仅仅用简单的“艺术”和“技术”就能形容的，不仅要求设计师具有高水平的审美，而且需要设计师对人类心理以及建筑、技术、材料、色彩、造型、时尚、文化等多方面有深入的了解。

室内设计是一门建立在现代环境科学研究基础之上的学科，涉及人文社会环境、自然环境、人工环境的规划与设计。本书是关于室内设计中的重要理论以及应用方面的分析与研究。对室内设计的基本概念进行了全面介绍；详细阐述了室内设计的种类、基本方法和应用技术等内容。结构完整，逻辑层次清晰，内容丰富，力求体现理论性、实用性、新颖性的特点。对现代室内设计爱好者及专业人士具有一定的借鉴和参考价值，同时能使室内设计爱好者以及相关专业的学生更好地了解现代室内设计的知识，提高专业技能，进而更好地提高人们的生活质量，展现现代文明的新成果。

在撰写本书过程中，作者借鉴了许多相关的研究成果，参阅了大量的文献资料，引用了一些同人前辈的研究成果，因篇幅有限，不能一一列举，在此一并表示最诚挚的感谢。由于作者水平有限，书中难免会出现不足之处，希望各位读者和专家能够提出宝贵意见，以待进一步修改，使之更加完善。

作者

2023 年×月

目　录

第一章　室内设计概述

室内设计是对建筑外壳所包覆的内部空间和实体进行设计，用以改善人类的生活质量，提高工作效率，保护他们的健康、安全，以及满足价值观、认知、偏好、控制、认同等精神、心理要求的一门空间环境设计学科。

第一节　室内设计的内涵

一、设计与室内设计

（一）设计

设计主要是指将一种设想或者规划通过视觉形式呈现出来的一种活动过程，开展设计活动的一个非常重要的目的就是满足人们的相应需求。由此可见，设计实际上是为人们提供服务的，设计的整个过程就是将其具体的功能目的向具体对象上进行转化，以达到其设计的要求。

设计就是根据一定的步骤，使用相应方法，将相关的想象或者规划付诸实践，使其得以出现在现实生活当中，并且能够满足人们对其的需求。从这一意义上来讲，设计实际上是一个过程，是一个将脑海中的想象转变成现实的重要过程。自人类开始出现，就一直在不断地改造世界，创设文明，而在这一过程当中，最重要、最基础的活动就是造物，设计就是在造物以前对这一动作所进行的可行性规划。可以说，有了设计这一行为，各种各样的物品才能够被制造出来供人们使用，设计无时无刻不在影响并改造着我们的生活。

设计行为与我们的生活息息相关，其不仅能够通过视觉感官传达出来，通过嗅觉、味觉等也同样能够传达出来。其目的就是使产品的功能得以实现，以此满足人们日益增长的物质需要和精神需求，它是精神文明和物质文明相互连接的重要桥梁，有了设计行为，人们才能够更好地改善自身周围的生活环境。

（二）室内设计

室内设计，顾名思义，就是指人们为了更好地工作和生活，对室内空间、环境等一系列要素所实施的设计行为。具体来讲，就是人们根据具体的空间功能，通过相关的技术和手段，创造出适合人们居住或者工作的、舒适优美的室内环境，以此满足人们的生活需求。

对室内进行设计行为所创作出来的空间环境既具有较强的使用价值，也能够满足人们对其的功能需求，而且可以在很大程度上反映地区历史发展脉络、地域风土人情、生态环境以及当地的建筑风格等诸多要素。创造出满足人们物质和精神生活需求的室内环境是室内设计的主要目的。现在经常提及的室内设计是一种对室内空间环境进行综合设计的行为和过程，其所包含的内容非常多，诸如对室内陈设物品的排列与设计、对室内照明系统的设计以及对室内电、暖、热、水等物理要素的设计，同时也包含对文化氛围、心理感观等精神要素的设计。

二、室内设计的内容和相关因素

（一）室内空间组织和界面处理

进行室内设计空间组织要充分而透彻地理解原有建筑的设计意向，对建筑物总体布局、功能使用、结构体系等进行深入研究。

设计时在遵循人体工程学基本原则的前提下，重新诠释尺度和比例关系，将空间进行合理规划和人性化处理，最终给人以美的感受。

（二）室内光照、色彩设计和材质选用

室内光照除了能够满足人们日常工作和生活的照明要求外，光照效果还能起到烘托室内环境气氛的作用。室内色彩往往是令人印象最深刻的元素，可以形成丰富多变的视觉感受。室内色彩设计要先根据建筑物的风格、室内功能等确定主色调，再选择适当的色彩进行搭配。

室内空间中的形、色最终必须和所选材质保持协调、统一。室内空间中不可缺少的建筑构件，如柱、墙面等，结合其功能并运用各种材料加以装饰，可共同构成舒适、优美的室内环境。在光照下，室内形、色、质融为一体，形成空间整体美的视觉效果。

（三）室内陈设设计手段

在室内环境中，实用和装饰应当互相协调，陈设、家具、绿化等室内设计的内容独立

于室内的界面营造。室内陈设设计、家具和绿化配置主要是为了满足室内空间的功能、提高室内空间的质量，是现代设计中极为重要的部分。

三、室内设计的依据、要求和特点

（一）室内设计的依据

1. 人体活动的尺度和范围

根据人体的尺度，可以测定人体在室内完成各种活动的空间范围，窗台、栏杆的高度，门扇的高宽度，梯级的高宽度及其间隔距离，以及室内净高等的基本依据。

2. 陈设设计的尺度和范围

在室内空间中，还有家具、灯具、空调、排风机、热水器等设备以及陈设摆件等物品。有的室内绿化、山水小品等所占空间尺寸，也成为组织、分隔室内空间的依据。

对于家具、灯具、空调等设备，除考虑安装时必需的空间范围之外，还要注意对此类设备的管网、线缆等整体布局，设计时应尽可能地考虑在设备接口处予以对接与协调。

3. 装饰材料和施工工艺

在设计开始时就必须考虑到装饰材料的选择，从设想到实现，必须运用可供选用的装饰材料。因此，必须考虑这些材质的属性以及实施效果，采用切实可行的施工工艺，以保证顺利实施。

4. 投资限额、建设标准和施工期限

投资限额与建设标准是室内设计中十分必要的依据。此外，设计任务书，相关消防、环保、卫生防疫等规范和定额标准都是室内设计的重要依据。合理明确而又具体的施工期限也是室内设计工程的重要前提。

（二）室内设计的要求

①合理的平面布局和空间组织；②优美的空间结构和界面处理：③符合设计规范；④具有调整更新的可行性；⑤节能、环保、充分利用空间。

（三）室内设计的特点

室内设计必须充分考虑到人在空间中的行为方式、心理需求、功能要求以及实施技术的可行性、艺术风格的匹配性等诸多因素。

1. 室内设计要遵循“以人为本”的设计原则

我们一直都在提倡以人为本，在我们的生产以及生活的各个方面，都离不开以人为本的原则，室内设计同样不例外。

进行室内设计行为最主要的目的就是为人们提供一个舒适良好、轻松优美的生活环境空间，以满足人们物质与精神需要，使人能够在舒适安全的环境中健康生活，以确保人们的生理与心理健康。所以，室内设计要综合考虑人与自然、人与社会关系以及人的兴趣爱好等多项关系要素，还应该充分考虑室内生活者的心理因素、性格因素等对室内设计所产生的影响。所以，设计师在进行室内设计的时候必须遵循以人为本的设计原则，要将人的安全和需求放在首位。

2. 室内设计的美学特点

室内设计属于艺术范畴，所以其必然拥有艺术设计的相关特点。而艺术设计的一个非常重要的特点就是“美”，即所有的艺术设计都能够经得起“美”的检验，与此相同，室内设计也应该能够经得起“美”的检验。从一定程度上来说，室内设计就是通过美学原理对现代科学技术成果所进行的检验，这里所说的科技成果主要包含了光、热、电等与人们的实际生活息息相关的诸多方面。

室内是人们生活所处的一个重要环境，家里、教室里、公司办公室中的空间等都属于室内的范畴，所以，室内空间环境的好、坏与人们的心理、生理都具有密切的关系。室内空间环境舒适、美好，就能够使处于环境中的人们感到身心愉悦、快乐，如此一来，不管是工作还是生活，人们都能够保持积极乐观、开心愉悦的心情；反之，如果室内空间环境乱七八糟，或者室内环境阴暗、冰冷，就会给人带来压抑、难过的感受，会使人身心俱疲，严重的甚至会使居住的人丧失生活的信心。所以，良好的室内空间环境对人们来说是十分必要的，设计师在进行室内设计的时候一定要注重室内环境“美”的特点。

3. 室内设计艺术与科学并重

前面已经提及，室内设计可以说是属于艺术范畴，是用美学原理来检验科技成果，由此能够看出室内设计应该注重艺术与科学并重。一个设计行为，虽然需要从艺术入手，通过形象、色彩等设计语言的运用，使用众多的材料、艺术手段等构建新的形象，但是脱离不了实用功能、效益以及环境等范畴。

在室内设计的过程中，要考虑很多方面，设计师必须注意：艺术和科学、实用是不能够分离的。比如，在进行室内空间以及陈设设计的时候，不仅仅要考虑到环境的美观以及陈设等设计的艺术性，更应该注重空间环境布局的合理性、功能的实用性等。

室内设计中，设计师不仅要注重物质技术手段，也要重视建筑美的原理，进而设计创造出具有较强表现力和感染力的空间设施，使室内空间环境能够给人带来愉悦感和文化气息，使生活在现代快节奏、高压力的社会环境中的人们，能够在室内放松心情、舒缓压力。

4. 室内设计要符合绿色可持续发展观

随着工业文明和科学技术的不断进步与发展，人们所居住的生态环境遭到破坏，近些年来，各种较为恶劣的气候不断出现，使得人们越来越注重生态文明。保护生态环境，创造绿色可持续生活条件成为人们共同追求的目标，绿色健康、可持续发展成为我国经济、社会发展所必须遵从的要求和原则，室内设计同样如此。

现代室内设计具有一个非常显著的特点，就是其会随着时间的变化，室内功能和格局也会随之产生相应的变化，具有非常强的敏感性。当今社会生活节奏非常快，也使得建筑室内的功用变化多端，室内装饰材料、家具陈设、灯光照明，甚至门窗水电等构成要素的更新换代都非常快速，更新的周期日益缩短。且随着人们经济和文化水平的不断提高，其对于室内空间环境的要求也不断提高，现在的人们不仅要求室内环境可供人居住，还会要求室内环境的美观和艺术，室内环境要符合绿色可持续的理念等。

基于此，室内环境设计师在进行室内环境设计的时候，一定要秉持绿色无污染、可持续的理念，节约并充分利用室内空间，选用绿色可持续装饰材料，遵循生态环保的发展观。绿色可持续发展观不仅需要设计师考虑发展具有更新变化的一面，也应该充分考虑能源、土地、生态以及环境等要素的可持续性。

四、室内设计的类型与原则

（一）室内设计的类型

1. 住宅室内空间设计

住宅室内空间主要是由玄关、客厅、卧室、卫浴、厨房、餐厅、书房、阳台、储藏室等空间组成，其个性化设计按照业主的职业特点、文化水平、身份及家庭背景等差异性条件来进行，设计时遵循以人为本的设计理念。住宅室内空间设计重点要考虑私密性特点，营造归属感。

2. 公共建筑室内设计

公共建筑室内设计是指非住宅项目的设计。其设计要符合有关法律法规要求，必须严格遵守防火和安全规范，公共建筑室内设计是富有挑战性的设计项目。可以将室内环境设计里的新形式和新方法有效地运用到公共建筑中的室内装潢设计里，可通过展现室内环境意象与各种事物含义而进行初步设计，兼顾生产生活方式、种族地域文化特色、社会人类学内涵及个人心理意象等因素。

（二）室内设计的原则

室内设计师的工作主要是让室内空间功能合理，符合美学标准，同时还要在项目经济预算范围之内完成，要做到这些并不是件容易的事。因此，设计师应该注意遵循一些基本的原则。

1. 整体性原则

首先，在对一个空间进行改造或是设计时，室内设计师往往要和不同专业人员合作才能做出最后决定。与各种专业人员的交流与合作是室内设计作品成功的基石。其次，材料、色彩、照明、家具与陈设、人的心理感受等各种设计语言也要合理地运用，才能创造出实用与美观相融合的空间。

2. 实用性原则

室内设计实用性原则主要体现在功能上，一个空间的使用功能是否能满足使用者的生活方式、工作方式非常重要，装饰得再漂亮如果不适合使用者的话，也不算成功。所以，好的室内设计应该是适合使用者的实用空间。

3. 经济性原则

经济性原则体现在设计初期限制施工成本上。同时，经济性的考虑也和生态环境有关，设计师不能因为控制成本而选用一些可能危害人们身体健康的材料或对环境产生破坏的资源。

4. 色彩性原则

色彩设计在室内设计中起着创造和改善某种环境特点的作用，室内设计中的色彩设计必须遵循基本的设计原则，将色彩与整个室内空间环境设计紧密结合，才能获得理想的效果。要注重对比与统一，关注人对色彩的情感，满足室内空间的功能需求，符合空间构图的需要，达到美观的效果。

5. 环保性原则

室内装饰装修设计中所用建筑材料大部分不可再生，所以设计中应该遵循节能原则，主要是合理分配规划资源，以可持续发展为基础。同时，还应遵循健康的原则，选用材料时应该以绿色、健康、环保材料为主，兼顾美观和实用性，倡导简约设计风格，将审美性与功能性相统一，提高空间居住的舒适感。

五、室内设计师的职责

（一）室内设计师的工作内容

室内设计师的任务是通过室内设计来提高人们的生活质量和生产效率，保护公众安全、提高室内空间功能和设计质量。主要工作内容包括分析客户设计需求，如生活、工作和安全方面；将调查结果和室内设计专业知识结合，进行设计定位和设想；提出与客户需求相适合的初步设计概念，要同时符合功能和美学要求；通过项目策划和设计细化，形成最终方案；绘制施工图，并对室内非承重结构的构造、装饰材料、空间规划、家具陈设、纺织品和固定设备设施做出明确说明；在设备、电气和承重结构设计方面要与专业的、有相应资质的从业者或机构合作。

（二）室内设计师的责任

室内设计师的责任是将客人的需求转化成现实，了解客人的愿望，在有限的时间、工艺、成本等压力之下，创造出实用与美学结合的全新空间。人们对安全、健康和公众福利等方面也越来越重视，因此，室内设计师应考虑的重要课题将是如何提高室内环境质量和生活质量。室内设计师应将注意力放在人的需求、生态环境和文化发展等相关问题，并结合专业技术和创新技能。设计师的设计理念里应考虑为特殊人群、老人、孩子等提供便利。尽可能多地使用可再生能源、保护生态环境是室内设计师做出各项方案决策的基石。同时设计师应对不同文化背景客户的品位和喜好具有敏锐性，融合多元文化，从而做出适宜方案。

第二节　室内设计目的与任务

随着我国经济社会的快速发展，尤其是房地产行业的繁荣兴旺，使得我国居民住宅数量猛增。当人们实现了实用的居住条件时，又开始对住宅的装饰以及环保水平等有了更进一步的追求。也就是对居住的空间环境不再只满足于适用即可，更多开始追求居室的装饰性及环保性。同时，人们也希望通过改变室内的设计来改变过去单调、落后的生活方式。具有审美品位与环保水平的居住环境自然能给人以舒适愉悦的身心体验，从而使人能感受到生活的乐趣和生存的价值。

一、室内设计的概念

室内设计是建筑设计的组成部分，是建筑设计的延续和深化。两者的区别在于，建筑设计是对整体空间的创造性把控，而室内设计则是对建筑的内部空间进行的一种带有创新性的改变。室内设计一般指设计师根据室内空间的特点和使用者要求，使用一定的工艺手段，打造成空间设计合理、美观、舒适、环保的风格，即创造一种既方便日常居家生活，又适宜工作和学习的理想场所的室内空间环境设计。

室内设计是对有限的空间进行空间再造的过程，所以它是一门充满艺术感和技术性的学问。室内设计主要以逆向设计为主，通过对空间界面的改造从而形成一种立体的内部空间，因此，设计师在进行室内设计时，应牢牢抓住室内设计的这一特征，创造出适合于生活居住的时空环境。室内环境一般有私人空间和公共空间两部分。

二、室内设计的目的

室内设计是一门实用性较强的学科，其主要目的在两个方面：一方面是保证基本的居住条件和居住环境的安全便捷，这是室内设计的最基本要求；另一方面就是要注意室内环境设计对心灵产生的价值，这也是室内设计的最高要求。所以，室内设计师对室内设计应该追求以有限的条件创造最极致的精神体验。与此同时，设计师还必须懂得心理学的基本常识，根据室内空间的特点和使用者的基本要求，设计出满足用户甚至超乎用户预期的环境风格。总的来说，室内设计只有满足以下几点要求，才算得上合理、有价值的设计。

（一）生活功能的设计

室内设计过程中要考虑到人们吃、喝、住、用、行等日常生活的基本功能需求，例如室内用餐、休息、学习工作，还有要防潮、防火、防热、防冷等。南北方气候差异较大，南方多雨湿度大，在设计时更应该注意防湿、防潮方面；而北方因为气温相对干燥，特别是冬天气候寒冷难耐，这个时候就要考虑到保温玻璃、暖气片等的安放与设计，类似的关乎人们日常生活的小细节都应充分考虑进去。

（二）生活需求的设计

室内设计中对生活需求的满足一般包括视觉、听觉、触觉三方面。

视觉方面主要指灯光的明暗设计、可调节性设计等。人们在室内进行日常的学习工作或看电视等活动时，只有适宜的光照或适宜灯光明暗度，才能保护好人的视力，不会让人觉得光线刺眼或暗淡，从而感到视觉疲劳。

听觉方面一般指隔音效果，包括房间之间、外来噪声污染的隔离或弱化，音响摆放等。

触觉方面指室内房间各个部位的材料选用设计，只有环保、安全的材料，接触时令人内心感觉舒适的材料才是最佳的选择。

（三）心理层面的需求

心理层面的需求是指设计师设计的效果要满足用户情感、情绪上的愉悦。比如，一面单调的、毫无装饰感的墙壁，可以设计或装饰一些小玩意、还可以打上灯光，效果看上去就会大不一样，会让人产生一种温馨唯美之感，总之，对人的心境、心情起到一种积极的作用。

（四）审美文化的需求

审美感受主要是指自然美感和艺术美感。在室内设计过程中，设计师完全可以效仿现实中的自然景观，以感性的形式唤起人们对自然美景的感受和追逐。例如，可以在室内适当的区域摆放盆栽、对空间进行适当的绿化、墙面可选用一些天然石材进行装饰等，总之要体现自然之感，即所谓的自然美感。而艺术美感来源于现实生活和自然世界里，是对现实与自然美感的再创造和升华，能动地反映现实世界，但又不等同于客观现实的世界，艺术美感是室内设计师创造性劳动的产物。

设计师的个人艺术修养与其设计水平有紧密的关联。一个优秀的设计师不仅精通本专业的知识，而且具有较全面综合的知识和对美的敏锐的感知能力。要懂得心理学、色彩学、文学、文艺美学等多方面的知识，并能将这些知识巧妙地融入个人作品之中。因此，综合的艺术修养对室内设计师的重要性是不言而喻的。

三、室内设计的任务

（一）正确处理设计问题

优秀的室内设计师必须是严谨的、专业的，盲目抄袭是拙劣的。室内设计应以科学的态度加艺术的手法来实现空间的适宜居住性，同时满足人的精神享受。要想设计出这样理想的人居环境空间，要求设计师必须具备精深的专业技能和广博的知识面。

我国的室内设计事业起步晚，尤其是室内设计专业更是发展较晚，许多相关方面的资料书籍是从国外引进而来的，大部分设计师也是通过借鉴学习来获取知识并运用于工作实践。但这样的实践往往带有“盲目抄袭”的意味，而缺少了个人的创新因素，特别是没有结合我国的传统文化进行有效性创作。这便是一种设计上的误区。例如，不节制地采用玻璃镜子、铝质材料等，却意识不到这些材质的反射声音特性，多用会致人耳朵不适，对人体心理与生理都会产生不良影响；又如在一些建筑的公共大堂内，不恰当地使用了不锈钢金属撑柱，表面看似豪华气派，实则给人一种炫目和疲劳感，并不能令人有舒适的享受，还有，人在柱子前身形变化体验也相当不好。还有一些盲目抄袭的例子，比如，餐厅或公共的空间使用玻璃材料来装饰，身在其中，便有一种头晕目眩的疲惫感，因为抬头看到的都是无序杂乱的人的影子，令人内心难以平静安宁。

抄袭与借鉴有时并不容易区分，但重要的还是要发挥设计作品的独特性及实用性，适当的借鉴并结合自身的创作是可取的，但抄袭必然走向了无新意。举例来说，常见的酒楼、宾馆的大堂门厅，大理石的装饰随处可见，很多室内设计师认为这就是一种应该有的风格，这样是最合理稳妥的设计。这种盲目跟风而缺少独立创新的设计模式造就了我们随处可见的大理石大堂门厅，缺少新意、没有独特新颖性。可见，盲目抄袭是一种风气，并不能在竞争中立于不败之地。其实门厅的材料设计可以丰富多变，完全可以将实用性和艺术感完美结合，装饰出别具一格、富有情调又与众不同的风格来。在我国香港地区就有不少设计上的创新，不少门厅摒弃大理石，而选用竹桶、青水石片、树木等材料来装饰，富有个性化又不乏观赏审美情趣。可见，盲目抄袭是一种毫无创新精神的消极行为，借鉴也要坚持独特与个性，只有坚持独特性，融合传统文化、历史等方面的要素，才有机会创造出有意境、有感染力的优秀作品。

坚持室内设计的原则，就是说设计者在设计的过程中必须以严谨的态度，以科学的、专业的素养来面对设计对象。在严格执行设计原则的前提下融入丰富的想象力和创造性思维，从而打造出既舒适合理又充满艺术气息的室内作品。

坚持室内设计“原则”与遵从客户“需要”二者并不是对立关系，而是一个统一体。一般而言，设计师在设计构图时就把坚持设计原则和满足客户需求二者都考虑进去了。但凡事都不是绝对的。有时候，往往会出现两种不同的情况：一种是设计师过于坚持设计原则而没有充分考虑到客户的内心需求，导致客户心生不满；另一种情况是，设计师为了迎合客户心理，抛掉了一些设计原则而最后难以达到理想的设计效果。室内设计要达到理想的效果，设计师必须首先要充分考虑到客户的要求，在此基础上再进行统筹设计、规划，遵循设计原则。室内设计不是简单的按部就班的技术工艺，它往往涉及很多的学科知识，包括对文化历史、地方风俗、材料选用搭配、美学等方面的把握。所以，设计原则不是设计师可以擅自更改的，特别是一些高档、大型场所的室内设计，更要严格按原则来进行设计。同时，设计师也要充分考虑到客户的心理需求，将二者有机统一才能设计出理想的作品。但当客户需求与设计原则发生冲突时，设计师应向客户进行充分的解释，以使客户充分理解设计原则的重要性和必要性，从而最终达成共识，尽可能达到意见和原则统一；当业主不能接受时，还须向业主解释，这也是处理和解决设计问题的最有效途径。

室内设计装饰造价与装饰档次是成正比关系的。造价越高，档次相应也越高。造价的多少也是依据客户计划投入的资金来定的，造价多少，相应装饰材料档次也会不同，正常情况，造价越高，装饰材料档次也越高。但也不尽然，造价与设计档次有时也不一定能达到投入产出完全的统一。归因于室内设计本身也是一门艺术，在艺术的创造过程中，为了追求一定的艺术境界或一定的艺术审美享受，就不能只一味追求档次高低，还应该考虑到装饰设计效果对人体生理功能和心理功能需求的满足。所以，片面地理解造价高材料就一定要档次高，会造成一种认识上的误区。比如，设计师对壁纸的设计，壁纸不一定要选用豪华档次高的，可以巧妙利用一些环保简约的壁纸装饰，像草编壁纸等，往往更符合自然、简约的风格，不但节约成本，还能满足用户心理功能的需求。造价昂贵的设计有时不一定就能反映设计档次，这是因为好的室内装饰设计艺术往往是直接为人着想而不是只考虑物质材料本身。

（二）全力提升设计水平

近年来，随着我国城市的快速发展与变迁，城市风貌也越来越国际化，特别是近几年来，一些智能建筑开始兴起，室内设计师面临的挑战越来越大，任务越来越艰巨。在这样的形势下，设计师应该加强自我提升，不断适应形势的发展变化，使自身的业务素质不断与国际水准接轨，才是唯一的出路。

室内设计的目的是设计师通过构思设计，完善建筑物的功能、美化建筑空间、使建筑物空间具备应有的价值功能。与建筑设计、工业产品设计、装饰艺术及环境规划设计有着密切的关系，也是建筑设计的延伸和发展。装饰企业要在不断竞争的环境中成长起来，在投标竞争中获得胜利，就必须能够根据客户的需求，提出一套个性化、有独特设计风格，既能合理利用室内空间，又能体现一定的时代气息，既能满足客户需求、又报价适中的方案来。这样才可能在市场竞争中立于不败之地。没有好的设计水平和作品是不行的，可以说设计在室内装饰中占据举足轻重的作用。室内设计相当于装饰工程的龙头，对装饰施工来讲，设计师它好比音乐会上的指挥，起到统筹、协调、平衡和指导的作用。

另外，有一种比较多见的现象，就是在装饰施工过程中，由于方案设计不严谨、不科学，导致在装修过程中设计方案的可执行性较差，于是便有施工人员随意改动图纸的行为，最终导致施工质量下降，无法满足客户的最终需求。设计图不是满足客户的心理需求就算大功告成。所以，认清设计的重要地位才是室内装饰的第一任务，是装饰设计成功与否的关键所在，只有正确把握设计方案的科学性、严谨性和周密性，始终以设计为装饰龙头才能做出客户满意的工程。

随着现代室内设计水平的不断提高，也直接推动了装饰行业的不断进步，特别是装饰材料的不断丰富，材质、功能、类型方面不断升级换代，从而开创了室内装饰设计的新局面。作为一个优秀的室内设计师，只具备基本的专业水平是远远不够的，在不断发展变化的新形势下，要让自身业务水平走在同行的前列，只有不断加强自身的专业水平，以科学、严谨的态度对待设计对象，灵活设计并运用各种新型材料和周边配套设施，真正能完美体现室内设计效果。室内设计师在加强自身专业度的同时，也要注意掌握综合业务理论和实际管理能力，加强职业培训，不断吸收新知识新技能，防止知识老化，具备不断翻新知识的能力。设计师只有具备精湛的理论知识和实践管理能力才能肩负起设计的重任。

（三）加强国际合作交流

随着全球化水平的日益提高，国际间的合作和交流也更加频繁。近年来，国际上室内设计的交流活动越来越多，室内设计交流属于文化艺术交流的一种，举办这样的交流活动，有着十分重要的意义。通过交流，使室内设计思想不再局限于某一地域、某一种文化，而是可以共同学习借鉴，从而提高设计水平。同时，通过不同形式、不同层次的思想交流，不仅能深入了解彼此的设计理念、文化艺术思想，开阔设计视野，而且通过多层级、高频率的交流，使更多的国外人士学习和了解到我国文化艺术的博大精深，对传播我国优秀的传统文化具有极大的意义。

另外，可以设立一些大型的室内设计基金会，定期在全国范围内进行评选活动，对优秀的设计人才给予奖励，对为我国室内设计行业做出贡献的人才进行评选奖励。通过这样的形式，不仅鼓舞了设计人才的创造精神和奋斗精神，对设计思想的交流推广也有着十分重要的意义。同时，成立一些权威的室内设计机构和组织，创办一些专业性强、层次高的刊物对室内设计的相关知识与新闻进行宣传推广，从而为我国经济社会的发展做出应有的贡献。

第三节　室内设计的理论基础

一、室内设计的理论发展

（一）全息理论

室内设计全息律认为，室内设计系统是一个统一的整体；在室内设计中，形、光、色、质以及空间、风格等各种构成要素之间，部分与整体全息；部分与部分包含着相同的信息。室内设计体系的任一设计全息元在不同程度上成为整体的缩影；艺术系统是一个统一的整体；在艺术领域内，室内环境艺术与艺术全息体内的其他艺术全息元之间相互包含着对方的信息，室内环境艺术作为一个艺术全息元，包含着艺术全息体的全部信息，并在某种程度上成为艺术全息体的缩影。室内设计全息论的设计规律是全息对应，室内环境艺术中的任一设计全息元的各个组成部分，都分别在整体上或其他全息元上有各自的对应部分；凡相互对应的部分，较之非对应的部分在艺术特性上相似程度较大。全息对应主要体现部分与部分的对应、部分与整体的对应两个方面。如在空间环境中，天花、地面、墙面的形在空间中处于相同的结构层次，在设计中属于对应部分，三者在设计特性上相似程度较大；而天花造型与地面色彩属非对应部分，两者在设计特性上相似程度较小。而部分与整体的对应可表现在局部与空间整体在形、光、色、质、肌理、风格等的对应。

在不同艺术门类之间具有相互对应的部分，这种相互对应体现为艺术语言和艺术思维全息对应时，常采用借用的设计手法，即把其他艺术中与室内环境艺术中的设计全息元相对应的艺术思维、艺术语言、视觉形式要素等信息借用到室内环境艺术中对应的部分进行设计。室内设计借用各种艺术语言，进行空间与界面的设计。装置艺术语言的借用在室内空间设计中是最为常见的，其手法是通过对室内隔断或界面的装置化设计，由于观者的参与而形成不同空间效果的空间处理手法，其空间具有开放性的特征。

（二）人本理论

人的属性主要有自然属性和社会属性。求生存，寻安全是人的自然属性；求舒适、讲美观源于人的社会属性。人性化即表示满足人性要求的行为和状态。给设计一词冠以人性化，是对设计的行为状态与性质目标的约束与规定。人类生存的需求从保持基本生存条件到物质、精神生活的极大丰富，其中温饱、安全、舒适、美观基本反映了人类生命活动需求由低到高、由物质到精神的演变、发展过程。所以，人性中就有了自然属性与社会属性的区别。在人的生理需求得到满足之后，心理需求就会持续增强。心理需求能刺激生理需求的增长，产生无尽的欲望而带来发展的动力，这就为人性化设计带来了层次与层面的差异，从而也对人类生存环境产生了重大影响。

根据人们喜欢大自然的特点，充分利用接近大自然的色彩组合和材质，充分发挥色彩对于人们心理的作用，使人们的生活贴近大自然，从而达到个性化的目的。特别是一些纬度高的国家和地区，运用暖色调作为基本设计色调，使人们感觉到来自大自然的拥抱，大大增添了舒适度。人性化的室内空间设计，能够有效地拉近人们与大自然之间的距离，看起来简单实则非常有效。人性化设计成为当前世界室内空间设计的核心理念之一，广受广大室内空间设计工作者的喜爱，这也对我们广大室内空间设计工作者提出了更高的要求，在把握住室内空间安全、实用、舒适的人性化设计过程中，要充分了解并遵循人性化室内空间设计的基本原则，从使用者的需求出发，满足消费者的心理和生理需求。可以这么说，只有充分把人性化设计理念融入室内空间设计工作中，才能不断促进世界室内空间设计工作的进行，也是世界环保和当前人们生活质量提高的根本需要。

（三）模块理论

模块化就是为了取得最佳效益，从系统观点出发，研究产品的构成形式，用分解和组合的方法建立模块体系，并运用模块组合成产品的全过程。模块化作为一种新的思维方法，在对事物的构成模式分析、优化和系统的分解、重组、协调方面有其独特的效能。其具有极强的实用性和广泛的适用范围，已经被广泛应用于机械、电子、计算机等领域。住宅室内设计中的模块化就是从住宅室内产品系统设计角度出发，结合绿色设计理念以解决室内空间环境产品的批量生产和标准化问题的理论体系。它与传统的设计方法比较可以避免建筑与室内设计的脱节，通过模块可以建立起开发商、设计师、材料商与用户的沟通平台，便于整个装修过程的管理。

模块化的对象是产品的构成，模块化不是研究某一个孤立产品或系统的设计构成问题，而是解决某类系统的最佳构成形式，即系统由标准化的模块组合而成。在住宅室内设计和施工中，用标准化模块把设计的各个阶段联系起来，大大缩短设计和施工周期。此外，模块被存储于模块库中可随时调用，减少了设计上重复的人工劳动。模块化设计首先着眼于产品系统的规划，或者说是产品的概要设计而不是详细设计。这就要求我们把整个住宅视作一个产品，在建筑设计过程中就应当介入室内设计内容，并且建筑设计应当符合模数协调标准，这才能为住宅室内装修的模块化提供良好的基础和前提条件。建筑设计符合模数协调标准，这样不但能保证结构组合件的模数化尺寸，更重要的是为室内设计提供一个模数化的空间，为室内部品提供模数化的可能性。为各种部品标准化、模数化和组合化提供条件。

（四）有机理论

有机一词的概念源于生物学，指自然界有生命的生物体的总称。包括任何一切动植物，它通过新陈代谢的运动形式表现出的一系列生命现象，诸如出生、生长、死亡等自然过程。建筑领域的有机指建筑的功能与形式相统一，充分考虑建筑与周围环境的关系和建筑给人带来的使用感受。有机派作为现代建筑运动中的一个派别，认为建筑的外观是由它的使用功能和所处环境决定的，就如同不同生物的外貌是由不同的基因排列和不同的生存环境决定的一样。建筑的形式、空间、构成、材料等问题都要依据各自的内在因素和外部环境来思考，力求合情合理地解决。

有机空间强调空间的渗透性，空间之间的渗透性与建筑物所处地域和建筑的使用功能有关。适当的、有目的的空间渗透使空间灵活多变，而盲目的、无规则的渗透使空间杂乱无章。若想把空间的相互渗透限制在合理的范围内则需要结构的制约。室内空间是建筑的一部分，室内空间设计是建筑设计的延续。建筑内部空间的有机化体现在具体形式上是建筑的各部分实体如门窗、墙壁、屋顶等部分的不规则变化与去几何化形成的自由、灵活的空间，以空间的围合方式与围合程度来表现有机的空间观念。科技的发展使我们步入了一个信息化、全球化的时代，国际主义风格盛行，作为建筑延伸的室内空间装饰也趋于同一化、标准化。随之而来的问题也逐渐显现出来：装饰过度导致的资源浪费、环境污染，为迎合国际化审美导致的民族文化内涵缺失，忽视地域性环境因素导致的空间与环境不协调等。在这种时代背景下，重提建筑有机理论，把有机理念与科技的发展结合到室内设计的实践中去，探索什么样的室内设计更符合有机的设计理念、能更好地服务于人们的生活，是十分必要的。

二、室内设计的空间构成

（一）平面构成原理

室内设计中的平面构成是在室内空间中的视觉元素在二次元的平面上，按照美的视觉效果，力学的原理，进行编排和组合，它是以理性和逻辑推理来创造室内形象，研究室内形象与形象之间的排列的方法，是理性与感性相结合的产物。平面构成是室内设计的基础，主要运用点、线、面和律动组成，结构严谨，富有极强的抽象性和形式感，是在实际设计运用之前必须要学会运用的视觉的艺术语言，进行视觉方面的创造，了解造型观念，训练培养各种熟练的构成技巧和表现方法。

重复构成形式指的是以一个基本单形为主体在基本格式内重复排列，排列时可做方向、位置变化，具有很强的形式美感。近似构成形式指的是有相似之处的形体之间的构成，寓变化于统一之中是近似构成的特征。在设计中，一般采用基本形体之间的相加或相减来求得近似的基本形。以一点或多点为中心，呈现周围发射、扩散等视觉效果，具有较强的动感及节奏感。在一种较为有规律的形态中进行小部分的变异，以突破某种较为规范的单调的构成形式，特异构成的因素有形状、大小、位置、方向及色彩等，局部变化的比例不能变化过大，否则会影响整体与局部变化的对比效果。

（二）立体构成原理

室内设计中的立体构成是一门研究在室内的三维空间中如何将立体造型要素按照一定

的原则组合成赋予个性的美的立体形态的学科。整个立体构成的过程是一个分割到组合或组合到分割的过程。任何形态都可以还原到点、线、面，而点、线、面又可以组合成任何形态。立体构成的探求包括对材料形、色、质等心理效能的探求和材料强度的探求，加工工艺等物理效能的探求这样几个方面。立体构成是对实际的空间和形体之间的关系进行研究和探讨的过程。空间的范围决定了人类活动和生存的世界，而空间却又受占据空间的形体的限制，艺术家要在空间里表述自己的设想，自然要创造空间里的形体。立体构成中形态与形状有着本质的区别，物体中的某个形状仅是形态的无数面向中的一个面向的外廓，而形态是由无数形状构成的一个综合体。

（三）色彩构成原理

色彩对于事物在室内设计中的表现力有着其他形式无法比拟的超强效果。色彩构成即色彩的相互作用，是从人对色彩的知觉和心理效果出发，用科学分析的方法，把复杂的色彩现象还原为基本要素，利用色彩在室内空间、量与质上的可变幻性，按照一定的规律去组合各构成之间的相互关系，再创造出新的色彩效果的过程。色彩构成是艺术设计的基础理论之一，它与平面构成及立体构成有着不可分割的关系，色彩不能脱离形体、空间、位置、面积、肌理等而独立存在。作为一个室内设计师，只有掌握色彩构成原理，熟知各色彩的相互关系及各种色彩的生理或心理作用，结合自己所具备的平面构成知识，在室内设计中正确用色，才能实现传达特定信息和渲染室内气氛效果的目的。

（四）光学构成原理

人的眼睛不仅对单色光产生一种色觉，而且对混合光也可以产生同样的色觉。在室内空间中，不同的地方、不同的时刻、不同程度的光对人的视觉、生理、心理都会产生不同的效应与气氛，因此，如何利用光在室内的作用进行合理的室内空间采光设计，是设计师要着重考虑的问题。

三、灯具与光源

灯具的产生与光有关，人类发明了灯光，是为了填补天然光线的不足。在室内设计中，灯具的使用要符合空间功能、人的需求，包括外观、质量、环保性甚至价格等要素。只有综合考量，才能选出性价比最优的灯具。一般要考虑以下几个方面。

（一）室内空间的功能要素

过去室内灯具的配备基本是一间一灯，这样的照明虽然是照亮了整个房间，但缺点是室内立体感和氛围不强。而现代室内设计中通常使用的是组合式照明，也就是一个房间采用多个灯具来照明，这样通过对亮度明暗的调节，达到室内空间的立体效果，营造一种舒适的氛围，让人心情平静自由。一般将室内照明分为环境照明、工作照明、重点照明三种。与集中照明不同，环境照明是指将照明范围扩大到整个室内空间，使空间的使用者方便日常照明需要。环境照明作为背景照明，要让使用者能清晰辨认室内的陈设、家具、空间方位结构。

工作照明主要指室内空间的局部区域，比如办公空间的办公桌台、其他日常工作活动的区域，这些区域的照明不宜过于炫目，在光的亮度、显色性等方面一定要严格控制好，以免产生不适感。工作照明区域的照明效果不能和环境照明同一，有区别性，但又不能差异性太大，否则可能带来视觉上的强烈冲击与不适。环境照明是整个室内的背景照明，而工作照明一定要切实考虑工作的性质，从而选择适宜的照明灯具。

重点照明一般是对室内空间中特定的物体或特别的区域进行照明。常见的是点状光源。大多采用集中的光束强调出特定的物体或区域，重点照明中多采用点状光源，也可使用线性光或面光源。首先，空间的灯光设计一定要明确照明的位置、光照度、色温这几个因素。只有把握好这些因素，才能让使用者感到舒适适宜。其次，光照的范围、形状、灯具的样式都对光的输出类型起至关重要的作用。商超展柜的灯光要直接照在食物表面，这样看起来更新鲜美味；餐馆、酒楼等大型饮食场所，灯光要非常讲究，尤其要能渲染出就餐的环境氛围，让人在愉快欢娱的气氛中享受到美味餐食。最后，灯具的质量、安全性能也同样非常重要，应急灯一般要用充电电池工作。

（二）室内空间的美学要素

照明灯具的选择十分有讲究，从美学的角度讲，照明灯具一定要与室内设计的美学表达相映衬，无论在色彩、大小比例，还是在形状、造型等方面都不能显得太突兀。另外，灯具的选择最好以简单为主，这样就不会过于显眼，从而影响室内空间整体的和谐之美。当然也不能排除，有时室内设计师别具匠心选择一些极具个性化的灯具，反而使得室内环境更有一番别样的和谐舒适美感。

（三）室内空间灯具的选择

室内照明设计，要讲求舒适性、安逸性的效果。设计时应该充分考虑光照亮度，特别对于一些年长者或对居室环境有一定要求的人，照明效果要适宜，过强过弱的照明都不太适合。比如，一些视力弱的老年人，对照明度要求比一般人要高，但也切不可采用太炫目的照明灯具。

客厅灯具的设计一般适宜采用组合的照明设计方案。由于客厅是日常休闲活动的场所，所以，应该采用多种形式的照明方式，且应该具有灵活多变的调节功能。不同的休闲活动，不同的场景，就需要有不同的照明效果，以适宜当下的活动氛围。另外，在设计时，打光的方向也会影响到照明效果，营造的氛围也会不同。比如向上打光，光影投向顶部，会有一种梦幻般的效果；打光朝向窗户，能营造出一种光亮柔和的气氛。

厨房的灯具选择，从安全性方面考量，灯具要远离炉灶，以免水蒸气、煤气等对灯具的熏染。另外，在照明亮度方面也要有所增加，选用功率较大的顶灯既能保证整体的亮度，又能保证安全可靠。卧室的光线要给人柔和、舒适之感。光照方向不能直接打在床上的位置。同时，由于卧室里并不需要一直充满光照，特别是在夜间的环境下，只需要局部的照明即可，此时，可在床头、座椅旁或其他需要特殊光照的地方设计照明灯具，效果才会较好，设计时要注意。

卫生间的灯具，特别要注意的是在梳妆镜前不能有阴影出现，否则梳妆镜就会丧失应有的正常功能。对于小型的卫生间，可以只在梳妆台前安装照明灯即可，原则是不影响梳妆照明效果又保证整个卫生间光亮适宜。带淋浴间的空间，要设计带有防水性或密封效果的灯具。走廊过道的空间一般情况人不会长久停留，所以采用装饰简单、光明适宜的灯具即可，或者可以选用带有一定装饰效果的灯具，总之，照明不宜耀眼或太暗淡，适宜即可。

第四节　室内设计风格与流派

室内设计的风格一般指它的艺术特点及其个性化特征。而室内设计的流派指的是在学术或艺术方面的派别。室内设计风格的形成与建筑环境和室内装饰的材料、家具风格等紧密相连。风格与流派都属于室内设计中的艺术造型和精神功能范畴。

一、室内设计风格的价值

室内设计风格的形成很大程度上受时代发展主题及不同地域风俗特性的影响。不同设计风格的形成由内在因素和外在因素两部分组成。内在因素主要包括室内设计师的创意与构思，外在因素包括当地的自然条件、人文风俗等因素。内在因素和外在因素的融合，形成了一种特殊的室内风格。

室内设计风格的外在表现有其深刻的文化、艺术以及社会因素等方面的内涵。而一种设计风格的成熟又会反作用于当地社会、文化艺术的发展，甚至会产生深远的影响，这种影响可能是积极的，也可能是消极和负面的。总之，室内设计风格的形成有其特有的文化艺术和社会背景，绝不仅仅是表面化、形式化的表现。

二、室内设计风格的介绍

室内设计风格的形成，一般情况下跨越的时间较长，空间较广，不是一朝一夕所能形成的。室内设计风格一般分为下列几种。

（一）传统室内设计风格

传统的室内设计风格的特点是传统装饰的“形与神”在室内布局中线型、色调、家居陈设方面的应用。例如，借鉴我国古代建筑的室内装饰风格，像天棚、挂落等；还有就是借鉴和汲取西方文明中传统的古典主义、罗马风等来进行的室内装饰设计。另外，各国都具有不同的典型性的传统设计风格，日本有日本的传统室内设计风格，印度有印度的传统室内风格，各地方都有各地方的传统区域室内设计风格。传统风格的设计极具年代感和古朴风，饱含历史文化和地域传统文脉，体现了民族历史文化艺术的特征。

（二）现代室内设计风格

现代风格发源于包豪斯学派，它强调彰显个性，设计应具有现代感，要求设计具有特色，并且设计元素要简单，避免浮华化。在一段时间以来，这种现代风格的室内设计为越来越多追求时尚新生活的人们所青睐。

现代室内设计风格最为显著的特点是追求简约、明了。免除许多冗余的附加装饰，以平面构成、色彩构成、立体构成为基础进行设计，特别注重空间色彩以及形体变化的挖掘。在空间设计方面，追求实用与灵活。色彩搭配方面以棕、白两色为背景色，力求色彩风格简单。同时，现代风格的室内设计注重个性化和创造性，反对高档奢华浪费。对小户型的家居空间，强调以人为本，体现个性化设计风格。

（三）后现代风格的室内设计

后现代主义是相对现代主义而言的，后现代主义设计风格抛弃了现代主义风格的单调、严肃之风，设计风格更加复杂、多元化，是对现代主义设计风格的修正与批判，具有一定的历史隐喻性。后现代主义的室内设计风格更为抽象化、意象化。随着时代的发展进步，思想文化的多元化，后现代主义风格以一种不可阻挡的趋势为广大年青一代所接受。后现代主义力求凸显人的个性化，具有强烈的个人主义色彩。由于其倡导的是一种抽象性的不确定性以及复杂化的艺术特质，所以一直没有确切的定义，后现代主义对人的影响是多层次的、全方位的。

（四）自然风格

室内设计的自然风格，就是指接近或等同自然效果的环境表达，在现代高速运转的社会里，自然风格的室内环境，能够对焦虑、紧张的人们身体和心灵起到平衡与调节作用。自然风格的室内环境通常选用自然的装饰材料，像竹木、盆花、编织物等，使室内整体装饰效果看起来简约、清新，又不失美感。也可以选用一些带有乡村、地方特色的纯天然的装饰材料，打造出具有地方特色的自然风格。同时，田园风格的设计也可归纳为自然风格一类，田园风格的设计手法和目的与自然风格的室内设计是类同的。其目的都是为了达到清新、简约、不失自然美感的效果。

（五）混合型风格

由于文化与思想的多元发展，近年来，室内设计在风格上也逐渐呈现出多样化的趋向。不同的人会选择不一样的装饰设计风格，而其中一部分人更是选择将古今中外各种风格元素融于一体，满足不同的身心需求。如现代简约与古代的古朴之风协调融合，古朴典雅之风又加入了后现代的一些抽象、复杂艺术风格。总之，既中西合璧又古今兼容，呈现出多元化的混合型设计之风。传统的屏风、摆设搭配上现代风格的玻璃门窗、西式沙发；古朴典雅的欧式灯具与我国古典家具陈设的混搭等。混合型室内风格不是简单的混合搭配，它仍需要设计师通过一定的艺术手法，对材料、色彩、文化等多重因素进行综合调配，形成一种别具一格的艺术效果。

三、室内设计的艺术流派

艺术流派一般指在某一特定时期或一定区域所形成的一种具有典型性、代表性的艺术派别。在长期的社会实践中，这种艺术派别所形成的艺术风格及特点具有一定的社会欢迎度，一定的社会影响力。按所形成的艺术特点的不同，一般将艺术流派分成以下几种。

（一）高技派

高技派或称重技派，其活跃的时间在 20 世纪 50 年代到 70 年代之间。高技派崇尚机械美，其主要依托高科技手段，对新设计材料进行充分的利用。特点主要体现在室内空间暴露梁板、线缆等构件设备，以充分展现高超的工业技艺，同时体现时代感。

（二）光亮派

光亮派也称银色派，这一流派十分注重夸耀一些新型材料或现代加工工艺的精密细致及光亮效果。像平曲面镜、大理石、花岗石等装饰材料，在一些特殊的光源照射下，材料表面折射出来的光能形成一种非常微妙的，看起来相当精密、闪耀的光照效果。

（三）白色派

白色派的室内设计最显著的特点就是简洁明快、朴实无华，没有过多的装饰和渲染，主要以白色为主色调，看起来很纯净，这样的气质被很多人称为“阳春白雪”。但这并不是说这样的设计就是过于简单缺乏美感可言。白色派外在表现简洁明快的呈现更是通过精心的构思设计而得。设计师要充分考虑光线、室内外环境以及门窗等各种因素，才能完美呈现这样的设计效果。

（四）国际式风格派

国际式风格派是伴随着现代建筑中的功能主义及其机器美学理论应运而生的，这个流派反对虚伪的装饰，强调形式服务于功能，追求室内空间开敞、内外通透，设计自由，不受承重墙限制，被称为流动的空间。室内的墙面、地面、天花板、家具、陈设乃至灯具、器皿等，均以简洁的造型、光洁的质地、精细的工艺为主要特征。

（五）超现实派

超现实派不同于简约朴素风格，它的风格往往超越现实，追求奇特的艺术效果。色彩感浓烈、设计造型多古怪、奇异，常呈现曲面、弧度感等奇怪的品位，给人以超越现实印象，变幻莫测的艺术感受力。这种风格多见于一些娱乐场所的室内，具有很强的视觉冲击力。

当前社会是从工业社会逐渐向后工业社会或信息社会过渡的时候，人们对自身周围环境的需要除了能满足使用要求、物质功能之外，更注重对环境氛围、文化内涵、艺术质量等精神功能的需求。室内设计不同艺术风格和流派的产生、发展和变换，既是建筑艺术历史文脉的延续和发展，具有较为深刻的社会发展历史和文化的内涵，同时也必将极大地丰富人们与之朝夕相处活动于其间的精神生活。

四、室内设计风格发展趋向

（一）吸收传统元素

近年来，随着我国经济实力的增强，国际地位的日益提高，中国传统文化受到世界各地人们越来越多的喜爱和推崇。在传统文化备受重视的当下，室内设计师也越来越注意吸收传统文化元素，将其融入室内设计的艺术风格之中。例如，将古典家具的风格、造型融入现代家居中，借鉴传统的文化的图形图案等勾勒出具有古典气质的元素，在色彩方面，也可以借鉴古典的色彩美学。室内设计中，综合运用传统的文化元素可以为室内风格增添不一样的古风古韵，体现传统艺术的雅致美学。

在对传统文化元素的运用方面，常见的有在室内壁墙上贴挂传统文化的图案装饰，特别是在一些公共的空间内，常会发现一些青龙纹、国画等。经过设计师的艺术手法和合理搭配，给人一种厚重的、典雅的文化艺术气息。在纹饰设计方面，经常会设计一些立体感较强的艺术效果，使用各种古朴的纹理效果。

另外，不可忽略的是对少数民族传统文化元素的运用。事实上，少数民族传统文化的一些元素已经在室内设计中得到广泛的应用。少数民族文化艺术是我国浩瀚文化艺术海洋中不可缺少的组成部分，没有这些文化艺术，就没有我国文化艺术的多元化，只有将少数民族文化艺术元素不断在实践中运用，才能充分体现我国文化的多元性与包容性。近年来，民族风在社会各个领域都展示出强劲势头，室内设计方面同样如此。比如，蒙古族文化中卷草纹、云头纹的运用，使室内空间设计获得良好的整体视觉效果。在家具设计方面，可以借鉴一些地方家具的特点特色，从而体现一定的地方文化底蕴和文化内涵。

（二）多元发展趋向

现代社会的室内设计讲求实用性和审美心理的满足。又因为不同文化、不同地域的人对审美的要求不同，不同历史阶段文化取向的不同，审美意识也存在一定的差异性。所以，室内设计要满足不同人群的不同审美要求，设计师势必要考虑到室内设计多元文化的设计风格。不同的文化艺术元素融入室内设计中就会呈现不一样的风格和韵味。这些风格可以从室内陈设、家具色调、装饰图案等方面充分体现出来。所以说，随着时代的进步和文化的多元包容性进一步发展，室内设计势必会呈现出传统多元的发展趋向，展现不同的文化艺术魅力，不同的多元包容的设计风格给人精神满足之感。

计算机信息技术在室内设计中的运用，在遵循设计原则的前提下，又将艺术构思融入造型设计中，使室内设计装饰在造型、构造等方面都体现了一定的艺术美感。艺术与技术的融合，使越来越多的现代室内设计作品依赖于科学技术的手段而得以实现，又不失人文艺术信息和美学价值。

现代的室内设计根据艺术特点的多样性，也充分融合了不同的艺术派别，这些派别在现代室内设计中共存、互鉴，形成多元化发展趋向。并且，随着人们审美取向的多元发展，在室内设计中只有充分发挥各派别的艺术表现力和共生发展，才能真正赋予室内空间的艺术气质和精神内涵。总之，室内设计作为一门艺术，伴随着文化交融，不再拘泥于某一派别、某一风格，而是在注重利用传统文化元素的同时形成了多元化发展趋势。

（三）追求个性风格

大生产给社会留下了千篇一律的同一化问题；相同楼房，相同房间，相同的室内设备。为了打破同一化，人们追求个性化。一种设计手法是把自然引进室内，室内外通透或连成一片。另一种设计手法是打破水泥方盒子、斜面、斜线或曲线装饰，以此来打破水平垂直线求得变化。还可以利用色彩、图画、图案，利用玻璃镜面的反射来扩展空间等，打破千人一面的冷漠感，通过精心设计，给每个家庭居室以个性化的特征。目前设计市场上一种普遍的现象就是设计师的水平不高，专业素养不够，这种情况也导致了室内设计的低质量，很多设计只能算得上是装修，只是在给业主打扫卫生，对于设计的风格而言也只是停留在简单的元素堆砌。但是这种质量的设计已经无法满足现在越来越多用户的需要，新时代的推进让人们烦腻了随处可见的大众风格，人们想突出自我，显示个性和品位的要求越来越强烈，未来室内设计在风格的营造上会更倾向个性化。

（四）热衷回归自然

近些年来，经济的飞速发展也给我们的生活带来了不少问题，比如，城市里高节奏的生活和工作让人们的身心倍感压力，工业经济的发展带来了严重的环境污染，在雾霾的严重影响下，人们的出行和健康受到危害等。随着环境保护意识的增长，人们向往自然，喝天然饮料，用自然材料，渴望住在天然绿色环境中。北欧的田园风格受到越来越多人的追捧。在住宅中创造田园的舒适气氛，强调自然色彩和天然材料的应用，采用许多民间艺术手法和风格。在此基础上设计师们不断在自然方面下功夫，创造新的肌理效果，运用具象的抽象的设计手法来使人们联想自然。自然风格包含的一些乡村风格和田园风格即将成为日后大环境市场下的风格设计主流。

第二章　室内设计的种类

第一节　住宅空间设计

一、居住空间设计的基本知识

普通居住空间的室内设计必须考虑一些家庭的基本因素：一是家庭人口构成（人数、成员之间关系、年龄、性别等）；二是民族和地区的传统、特点；三是职业特点、工作性质（如动、静、室内、室外、流动、固定等）和文化水平；四是业余爱好、生活方式、个性特征、生活习惯、经济水平和消费的分配情况等。总体而言，确保安全、有利于身心健康以及具有私密性是居住空间室内设计与装饰的前提。

二、住宅空间设计基础

（一）住宅空间设计程序

1. 设计准备阶段

设计准备阶段的主要工作有以下几点：

（1）接受业主的设计委托任务。

（2）与业主进行沟通，了解业主性格、年龄、职业、爱好和家庭人口组成等基本情况，明确住宅空间设计任务和要求，如功能需求、风格定位、个性喜好、预算投资等。

（3）到住宅现场了解室内建筑构造情况，测量尺寸，完成住宅空间初步平面布置方案。

（4）明确住宅空间设计项目中所需材料情况，并熟悉材料供货渠道。

（5）明确设计期限，制定工作流程，完成初步预算。

（6）与业主商议并确定设计费用，签订设计合同，收取设计定金。

2. 方案初步设计阶段

方案初步设计阶段的主要工作有以下几点。

（1）收集和整理与本住宅空间设计项目有关的资料与信息，优化平面布置方案，构思整体设计方案，并绘制方案草图。

（2）优化方案草图，制作设计文件。

3. 方案深化设计阶段

通过与业主沟通，确定初步方案后，对方案进行完善和深化，绘制详细施工图。设计师还要陪同业主购买家具、陈设、灯具等。如果业主不需要设计师陪同则应为其提供家具、陈设和五金的图片以方便业主自行购买。

4. 项目实施阶段

项目实施阶段是项目顺利完成的关键阶段，设计师通过与施工单位合作，将设计方案变成现实。在这一阶段，设计师应该与施工人员进行广泛沟通和交流，定期视察工程现场，及时解答现场施工人员所遇到的问题，并进行合理的设计调整和修改，确保在合同规定的期限内高质量地完成项目。

5. 设计回访阶段

在项目施工完成后，设计师应该继续跟踪服务以核实自己设计方案取得的实际效果，回访可以是面谈或电话形式。一般在项目完工后半年、1 年和 2 年三个时间段对项目进行检查。总之，设计回访能提高设计师的设计能力，对其以后发展有重要意义。

（二）安全和无障碍设计

为特殊人群进行设计、能源的节约与再利用以及安全设计是一个设计师义不容辞的责任和义务。在住宅设计中首先要注意到无障碍设计的重要性，关心残疾人、老人、孩子和妇女的生活需要。

1. 楼梯

楼梯的设计会带来方便与舒适，但须合理设计，要同时考虑坡度、空间尺寸的相互关系，这时起决定性作用的是空间本身。室内设计时，要由家庭成员来决定其安全与舒适程度，对作为路径通道的楼梯，首要考虑的是安全问题。对于有老人和孩子的家庭，在设计中要避免设计高台阶和高楼梯，如需要，设计的楼梯坡度缓、踏步板宽、梯级矮些才好，楼梯坡度为 33°~40°之间，栏杆高度为 900mm，安装照明设备，同时兼顾旋转不要过强，还要考虑承重和防滑，所有部件无凸出、尖锐部分。

2. 卫生间与浴室

卫生间的功能变化和条件改善是社会文明发展的标志。卫生间设施密集、使用频率高、使用空间有限，是居住环境中最易发生危险的场所。无障碍设计是具有人文关怀的人性化设计理念，目的是为老年人、残疾人提供帮助。应做好功能分区，保证使用时的便利及操作的合理性，并设宽敞的台面和充足的储藏空间。如厕区设置扶手、紧急呼叫器，留出轮椅使用者和护理人员的最低活动空间。洗浴区要注意与其他分区干湿分离，淋浴和浴缸都应设置扶手。卫生间的空间尺寸要合适，对卫生间空间环境大小、颜色、设施安装及布置都要详细考量，卫生间设置应便于改造，保证通风效果良好。喷淋设备的喷头距侧墙至少450mm，留有放置坐凳的适宜空间。浴缸外缘距地高度不宜超过450mm。浴缸开关龙头距墙不应小于30mm，洗手盆上方镜子应距离盥洗台面有一定高度，防止被水溅到，洗手盆也不宜安装过高，一般在800mm左右。设置报警器，以防突发疾病。卫生间电器开关应合理标示。

3. 厨房

厨房的通风、排水和防水尤为重要，还要维持室内空气新鲜。强调色彩调节及配色，着重考虑色彩对光线的反射率，提高照明效果。色彩设计应根据个性需求，在视觉上扩大厨房面积。注意厨房的亮度，能清楚辨别食物颜色、新鲜度。产品尺寸是设计过程中要考虑的一个重要因素，橱柜操作台、厨房开关插座高度须根据不同人群的身体情况而定，以便洗菜、切菜和烹饪。橱柜水槽和炉灶底下建议留空，以方便轮椅进出。吊柜最好能够自动升降。底柜采用推拉式。

4. 针对儿童与老人的特殊设计

为了安全起见，儿童游戏区域应在成年人视野和听觉范围内，以便有效监护。楼梯栏杆间距不宜超过100mm，以免卡住儿童头部。在卫生间，儿童一般难以够到洗脸盆、电灯开关、门把手等，可以设计随他们成长可以调节的器具。有一定高度的家具应该固定在墙上，以防倾倒。

由于老人视力较差，还要避免眩光，应选择实木地板这类富有弹性的地板。另外，开关布置要科学、合理，进门处、卧室床头要有开关。

（三）住宅空间室内设计

1. 门厅设计

门厅是室内最先映入人眼帘的空间，它是出入户和脱换鞋区域，具备公共性，私密度较低，室内设计时不可忽视。

门厅是接待客人来访时正式亮相的第一个地方，在设计上应该多花一些心思。一般主人入屋或客人来访首先在入口处换鞋、挂外套、挂包或是放置钥匙和雨伞。因此，门厅处可以放置鞋柜、衣架、镜子、雨伞架和换鞋凳。

门厅的灯具可以安置在顶上、墙壁上或是放置在桌面上。一般根据门厅的空间大小、住宅室内风格来选择相应的门厅灯具，小型门厅适合悬挂吊灯。如果空间过于拥挤，则可以安装壁灯。并且，门厅的灯具都可以安装调光器，让灯光散发出柔和的光线，给人带来温暖和舒适的感觉。

2. 客厅设计

现代客厅设计理念主要以简约风格为主，将设计元素、色彩、照明、原材料简化到最低程度，无过分装饰，讲究比例适度，做到整体风格统一。

（1）布局设计

客厅主要以会客区坐卧类家具为主，沙发等占据主要位置，其风格、造型、材料质感对室内空间风格影响很大。首先要求客厅家具尺度应符合人体工程学要求，空间尺度大小、空间整体风格和环境氛围相协调。电视背景墙及沙发两侧均可以摆放落地花瓶或大型植物，茶几长宽比要视沙发围合区域或房间长宽比而定。放在客厅的地毯占用较大空间，要选择厚重、耐磨的地毯，铺设方法视地毯面积大小而定，形成统一效果。如要是铺设整个客厅，也要在靠墙处留出 310～460mm 空隙；如果是小客厅，则要留出 180～310mm 的空隙。在选择墙面装饰画上要注意大小尺寸，沙发墙上的挂画和沙发的距离要适中，表现出空间拉伸感。客厅墙面应选择耐久、美观、可清洁面层，墙面装饰要简洁、整体、统一，不宜变化过多。

（2）灯光照明

灯光作用对营造客厅氛围必不可少，客厅照明重点要考虑视听设备区域，直接采光为首选，人工光源应灵活设置，照度与光源色温有助于创造宽松、舒适的氛围。在会客时，采用一般照明，看电视时，可采用局部照明，听音乐时，可采用间接光。客厅的灯具装饰性强，同时要确保坚固耐用，风格与室内整体装饰效果协调。客厅的灯最好配合调光器使用，可在沙发靠背墙面装壁灯。客厅的色彩宜选用中基调色，采光不好的客厅宜使用明亮色调。

（3）陈设的选择

“一个中心，多个层次”是基本原则，要主次分明，体现功能性、层次感和交叉性。灯具造型选择不容忽视，要与整体风格统一。要配好台灯和射灯等光源，以达到新颖、独特的效果。

艺术品陈设，有较强的装饰和点缀作用，如绘画、纪念品、雕塑、瓷器和剪纸等，使用功能不高，但能起到渲染空间、增添室内趣味、陶冶情操的作用，通过对其造型、色彩、内容和材质选择，可给空间增加艺术品位。精美的字画可以丰富室内空间、可以装饰墙面，接受过一定教育且有文化涵养的人喜欢摆放现代、古典和抽象等风格的字画来表现文化背景。雕塑富有韵律和美感，利用好灯光会使雕塑产生很好的艺术效果。添置木雕、竹雕、艺术陶瓷、唐三彩、蜡染和剪纸等工艺品，可提高装饰品位和审美水平。珍藏、收集的物品和纪念品通常会放到搁物架或博古架上，以显示出重要意义。

3. 餐厅设计

餐厅不仅是吃饭的场所，很多家庭会将餐厅设计成既能用餐也能供家人、朋友聚会的地方。住宅内有独立餐厅，也有客厅与餐厅没有明显界限的，有些年轻人还喜欢将餐厅与厨房相连，做成开敞式的餐台。

（1）布局设计

餐厅的布局设计主要是考虑餐桌、餐椅、柜橱的位置。不同户型的餐厅有所不同，如果客厅与餐厅没有明显的分界，那么，摆放一张圆形或方形的餐桌安置在客厅的一头，就成了独立的就餐区域。餐桌摆放在房间中央位置，也会是个大胆的决策，这样更方便家人聚会。如果餐厅空间不够大，也可以将餐桌的一头靠墙摆放，这样做的好处不只是不占地方，它还能和墙面形成一块整体而独立的就餐区域。独立的餐厅里可以摆放餐桌椅，一般长方形的房间适合摆放长形或椭圆的餐桌。选择合适的餐桌椅摆放在餐厅里很重要，总的原则是餐桌大小、餐厅大小和就餐人数多少相一致。

餐桌应该有760mm高，每一个用餐的人需要460mm宽的空间，要保证餐桌边沿至墙边距离不小于1120mm，如果过道要摆放餐柜，则要留出1370mm以上。餐桌离餐柜的距离应该有910mm，这样才能方便用餐的人拉出椅子坐下。如果餐厅不是很大，可以选择小巧的餐柜，在餐柜上面可以摆放一些别致的艺术品，如一件雕塑、一个装饰性的盘子或是一盆绿色植物。

（2）灯光照明

餐厅的照明主要是餐桌上方的照明，可以选择一个吊灯照亮餐桌，也可以安装壁灯照亮坐在餐桌边用餐的人。吊灯可以和餐厅的家具风格相统一，也可以形成一个强烈的对比。吊灯的尺寸不能过大，最好选择较小的灯，一般吊灯的直径最好是餐桌宽度的一半，并且悬挂在离餐桌面760~910mm的上空，壁灯一般固定在离地面1520mm以上的地方。餐柜上可放置台灯，提供与视线相平行的照明，也可以选择放置漂亮的烛台，蜡烛柔和的光线会让餐厅气氛更为温暖。

（3）设计细节

餐厅空间较为狭小，墙壁的处理可以使餐厅增加几分活力，将餐厅墙面进行亮色处理，能让人食欲大增。当然，选择在墙壁挂幅画或是艺术品，或者放一个小的书架，再放上几本书，都是非常合适的做法。

选择一些色彩、图案丰富的桌椅、椅垫、窗帘和桌布也能让人心情愉悦。布置餐厅家具的时候，不一定要选择成套的家具，可以用不同时期、不同风格的桌椅混搭在一起，相互补充。还可以选择褪色的老家具，搭配一些旧瓷器，营造一种过往的生活情节，同样意趣十足。

4. 厨房设计

现在厨房不再是一个单纯的储存食物、烹饪菜肴的地方，它也可以是一家人共同劳动、欢畅交谈和共同进餐的重要场所。厨房可以说是融入了整个住宅中最多细节元素的地方，除了给排水、煤气、电灯、排气等基础设施之外，还要考虑防水、防火、防污、耐腐蚀等性能的设计。厨房设计的总原则是实用、安全和美观。

（1）布局设计

厨房是做菜、上菜、储存食物和放置厨具的空间。厨房的布局通常围绕三个工作中心分成三个区域：冰箱与储存区域、洗涤区域、烹饪区域。三个区域通常会形成一个“工作三角形”，其三边之和最好保持在4570~6710mm。其中，水槽到灶台的最佳距离控制在双臂伸展开的长度范围内，约1200~1800mm。若两操作台平行，其间距也最好控制在1200~1500mm。

（2）灯光照明

厨房的照明要保证明亮，在顶部可以安装吸顶灯或吊灯，以确保整个厨房均匀照明。选择嵌入式灯安装在厨房也是非常合适的，它可以安装在天花顶部，也可以安装在橱柜底部。如果厨房有独立的工作台，则在工作台上方安装可以照亮整个区域的吊灯，这个吊灯的底部要高于工作台台面910~1220mm。

（3）设计细节

消毒柜不要装在角落里，也不要放在炉灶的旁边。炉灶的两侧至少要留出450mm台面，用来放置盘子和菜碗。冰箱一侧同样要留出300mm以上台面，以便摆放从冰箱里拿出来的食物。洗涤盆两侧都应该留出至少450mm台面。

储存区域是厨房设计的关键，一个成功的厨房设计一定要有宽敞的橱柜。橱柜主要用来储存食物、烹饪用品、多余餐具和洗涤类用品，还有一些小家电也要放在橱柜中。一般来说，吊柜通常深300~350mm、高760~1070mm，底柜一般深600mm、高800~850mm比较合适，也有高900mm的，吊柜底部至工作台面之间的距离最少为380~460mm，标准距离一般为500~600mm，这样的距离烹饪操作起来更加舒适，并且能摆下比较大的厨房电器，如微波炉。

厨房设计常用的装饰材料应该具有方便清理、不易污损、防火、防热、防湿、耐久等特点，如防火板、釉面砖和防滑砖等。

白色墙面的厨房看起来干净、整洁，但色彩斑斓的墙面能够掩饰墙壁的油污，还能为厨房增添温暖，如红色、橙色、黄色以及绿色。橱柜和墙面的色彩最好要有对比，这样才能凸显橱柜的立体感。

5. 卧室设计

卧室是家居环境的核心。人一生中，睡眠时间超过三分之一。设计中要注意功能空间的合理划分，使卧室空间分区更加清晰，同时要满足老年人在卧室的各种需要，考虑适老化设计。老年人卧室基本功能空间由“1+4”组成，睡眠空间为主，储藏空间、阅读空间、休闲活动空间和通行空间为辅。床的长度 2000mm，高 430mm 为宜，床与墙边 760mm。卧室对取暖、降温设备的要求较高，睡眠空间宜有适量光照，能消毒杀菌、避开凉风侵扰，要重视卧室门窗、墙壁的隔音效果。卧室的家具风格可混搭不同形状、色彩的家具，形成风格迥异的效果，可选择不同色彩、不同图案的窗帘、床上用品、艺术品或是小块地毯。卧室灯光需光线柔和、浪漫。床头柜摆放台灯或安装壁灯可增加照明区域，要选择适当的色温及光照度，保证睡眠质量。

（1）主卧室设计

主卧室是主人极具私密性的个人生活空间，分为睡眠区、衣物储存区和梳妆区等功能区域。如空间足够大，还可以再分阅读区、休闲区或健身区等。

主卧室的照明可根据功能区域划分情况来设置光照强度。梳妆区应明亮，天花的灯不要过亮，以免直射眼睛，阅读区域照明要明亮一些。

（2）儿童房设计

儿童房设计包括平面设计与室内设计。在平面设计过程中，要综合考虑朝向、面积、开间进深等因素，同时，作为套型整体的一部分，与其他房间的关系也十分重要。学龄前或小学阶段儿童的儿童房宜与主卧邻近，孩子长大后，空置的儿童房可作为主卧书房、活动间，以提高房间利用率。儿童房须设置睡眠区、学习区、活动区、储藏区与展示区，充分利用空间展现孩子成长足迹。儿童房设计要满足成长过程中各阶段的需求，尽可能地提高房间灵活性。儿童房面积受套型面积制约，存在不同布置方式。要注意尽量减少使用大面积玻璃及镜面材料，要防止高处重物坠落和较大家具倒落砸伤儿童，避免选用有棱角的家具，避免儿童房存在用电隐患。儿童床不临窗，床头上方不要设置物品架，不放置重物或易碎物。衣柜、收纳柜高度灵活调整，以便进行分隔，设置较大综合收纳柜来储存物品。窗户应有防护措施。儿童房门把手设置应适合儿童使用习惯。不应在床正上方设置吊灯。儿童房书桌旁应留出家长辅导的空间。床头灯颜色与位置应合理，避免对儿童视力产生不利影响，床头附近宜增设夜灯插座。

（3）老人房设计

老年人使用的家居用品高低和大小要合适，家具不能太高，选用低矮柜子。在家具造型方面，选用全封闭式最好，避免落灰尘。家具上半部分尽量少放置日常用品，下面储物空间和抽屉数量可适当增多。抽屉的设置上，最下面一层不要过低和过深，要让老人使用时感到舒适，抽屉把手位置尽可能提高。还要考虑家具稳固性，建议选择实木家具，固定式家具最好。给老人选择家具时要从老人生活习惯出发，突出功能性和个性，可配置带按摩功能的产品、舒适沙发椅、具有磁疗功能的产品等。家具静音设置不容忽视，睡眠质量对老人很重要，带有阻尼的抽屉声响较小，很受老人们欢迎。居室内工艺品搭配设计要与使用者进行交流，为老人们选择合适的工艺品和装饰品，可将书法、绘画、摄影作品等作为主要装饰物。如果老人喜欢练习书法，可选择条案、砚台等物件。

（4）衣帽间设计

衣帽间一般位于卧室和浴室就近位置，用来存放衣裤、鞋帽、领带、珠宝、被子、席子、行李箱等物品。衣帽间设计要具有人性化，可根据住宅面积大小和衣物多少选择独立步入式或嵌入式衣帽间。除此之外，衣帽间应该安装较大更衣镜，还要保证足够多的挂衣空间。

6. 书房设计

书房是阅读、书写以及业余学习、研究、工作的空间，能体现居住者修养、爱好和情趣。独立式书房主要以阅读、书写和电脑操作为主。当然，并不是所有家庭都有足够空间来布置一间独立书房，如果没有独立书房，可以在住宅任何一个地方设置“阅读角”，比如客厅、卧室、餐厅、过道或是阁楼一角。无论是独立式书房还是“阅读角”，在设计时都应体现简洁、明快、舒适、宁静的设计原则。总之，设计师要先详细了解信息后再做适当空间规划。特别要注意一些特殊职业的业主的书房设计，比如绘画工作者、书法爱好者、自由设计师和职业作家等。

书房的主要家具是书柜、书架、书桌椅或沙发等，在选择书房家具时，除了要注意书房家具的风格、色彩和材质外，还必须考虑家具的尺寸。书桌、书架和书柜可以购买成品家具，也可以定制，一般根据房间结构来定制家具比较合理，但书架与书柜大小也要根据主人藏书量来决定。

书房最好的照明就是自然光。但如果窗户朝南，书桌要与窗户有一定距离或角度，避免阳光直射，刺激眼睛。

书房是住宅中文化气息最浓的空间，房间内色彩宜选择冷色调，如蓝、绿、灰紫等，尽量避免跳跃和对比的颜色。在与住宅整体风格不冲突情况下，做到典雅、古朴、清幽、庄重。

7. 卫生间设计

人们每天醒来第一个去的地方就是卫生间，所以，一个家庭里拥有一个干净、美观的卫生间是很重要的。可以说，卫生间是住宅中面积最小的地方，但它要满足人们洗漱、沐浴和保健等不同需求。因此，在设计时应注意以下几个方面。

（1）布局设计

如果卫生间很大，则可以按区域及活动形式分类来布置，如分为卫生间、洗漱间、沐浴间等。卫生间的基本设备是便器、毛巾架、洗脸盆和储物柜等。卫生间的空间大小决定了马桶、蹲便器、浴缸或洗脸盆的尺寸。一般而言，便器如马桶或蹲便器前端线至墙间距不少于460mm，马桶纵中线至墙间距不少于380mm，洗面盆前端线至墙间距不少于710mm，洗面盆纵中线至墙间距不少于460mm。如果放置两个洗面盆，则至少要留出1500mm工作台面。浴缸纵向边缘至墙边至少要留出900mm间距。

（2）灯光照明

卫生间最好的照明方式是采用自然光，大面积窗户不仅能提供良好光线，还有助于通风。如果卫生间空间足够大，还可以安装壁灯、蜡烛灯或化妆灯等。因卫生间较为潮湿，所以灯具一定要以防水灯具为主。卫生间灯光要柔和，不宜直接照射。保证卫生间通风也非常重要，一般要安装换气扇，以方便空气流通。

第二节　办公室空间设计

一、办公室空间设计基本概念

好的办公室设计能够让企业员工在工作上发挥能动性，帮助员工活跃思维和决策事务，也能够给人良好的精神文化需求，使工作变成一种享受，让安静、舒适的感觉洋溢在整个空间里。

开放式办公室最早兴起于20世纪50年代末的德国，这种风格在现代企业办公场所中比较常见。开放式办公室利于提高办公设备利用率和空间使用率。

开放式办公室在设计中要严格遵循人体工程学所规定的人体尺度和活动空间尺寸来进行合理安排，以人为本进行人性化设计，注意保护办公人员的隐私，尊重他们的心理感受，在设计时应注意造型流畅、简洁明快。

智能办公室具有先进的办公自动化系统，每位成员都能够利用网络系统完成各自业务工作，同时通过数字交换技术和电脑网络使文件传递无纸化、自动化，可设置远程视频会议系统。在设计此类办公系统时应与专业设计单位合作完成，特别在室内空间与界面设计时应予以充分考虑与安排。

会议室是办公室空间中重要的办公场所。会议室平面布局主要根据现有空间大小、与会人数多少及会议举行方式来确定，会议室的设计重点是会场布置，要保证必要活动及交往、通行的空间。墙面要选择吸声效果好的材料，可以通过采用墙纸和软包来增加吸声效果。

通道是工作人员必经之路，主通道宽度不应小于1800mm，次通道不应小于1200mm。在设计上应简洁大方，在无开窗情况下，要用灯光烘托出良好氛围。

二、办公室设计基础

（一）办公空间设计程序

1. 设计准备阶段

设计准备阶段的主要工作有以下几点：

（1）接受客户的设计委托任务。

（2）与客户进行广泛而深入的沟通，充分了解客户的公司文化、工作流程、职员人数及其工作岗位性质、职员对空间的需求、项目设计要求及投资意向等基本情况，明确办公空间设计的任务和要求。

（3）到项目现场了解建筑空间内部结构以及其他相关设备安装情况。最好先准备项目现场的土建施工图，到现场实地测绘，并进行全面、系统的调查分析，为办公室设计提供精确、可靠的依据。

（4）到项目现场了解室内建筑构造情况，测量室内空间尺寸，并完成办公空间的初步设计方案。

（5）明确办公空间设计项目中所需材料的情况，并熟悉材料的供货渠道。

（6）明确设计期限，制定工作流程，完成初步预算。

（7）与客户商议并确定设计费用，签订设计合同，收取设计定金。

2. 方案初步设计阶段

（1）收集和整理与本办公空间设计项目有关的资料与信息，优化平面布置方案，构思整体设计方案，并绘制方案草图。

（2）优化方案草图，制作设计文件。

（3）方案深化设计阶段。通过与客户沟通，确定好初步方案后，就要对设计方案进行完善和深化，并绘制详细施工图。最后还应向客户提供材料样板、物料手册、家具手册、设备手册、灯光手册、洁具手册和五金手册等。

（4）项目实施阶段。设计师通过与施工单位的合作，将设计方案变成现实。在这一阶段，设计师应协助客户办理消防报批手续，还应该与施工人员进行广泛沟通和交流，定期视察工程现场，及时解答现场施工人员遇到的问题，并进行合理的设计调整和修改，确保在合同规定期限内高质量地完成项目。

（5）设计回访阶段。在项目施工完成后，设计师应绘制完成竣工图，同时还应进行继续跟踪服务以核实自己设计的方案取得的实际效果，回访形式可以是面谈或电话回访。总之，回访能提高设计师的设计能力，对其未来发展有重要的意义。

（二）办公空间设计原则

1. 人性化原则

在当今社会提倡尊重人们个性化追求的背景下，个性化办公空间设计要尊重员工基本的工作与生活需求，再努力创造其精神家园，所以其根本是人性化，以人为本。设计作品要符合人机工程学、环境心理学、审美心理学等要求，要符合人的生理、视觉及心理需求等，形成舒适、安全、高效和具艺术感染力的工作场所，提高工作效率。著名的谷歌公司在办公室设计方面充分考虑人性化这一设计理念，根据员工工作习惯和个人喜好，尊重意愿，展现独特装饰风格。

2. 可持续原则

针对当前环境问题，我国提出了可持续发展战略。为顺应可持续发展战略，办公空间个性化设计也一定要体现绿色、环保、节能的理念，节约能源和资源应成为设计师始终要思考的问题。低碳、环保应成为办公空间设计优劣的最重要考核标准，此倡议并不是对办公空间个性化设计的制约，反而可以让设计师拓宽设计思路，将自然元素融入工作场所，添加自然情趣，消除员工疲劳。同时强调自然、可再生材料的应用，减少耗能和不可再生材料的使用，达到节能环保、可持续发展的目的。

3. 适度原则

办公空间设计个性化固然重要，但也要视具体情况而定，不要忽视设计的意义，要明确设计工作的主要任务。办公空间的最终用途是为工作提供场所，人们能否更好、更高效地工作才是评定的终极标准，所以设计要适度和切合实际，过度追求所谓艺术形式会让设计浮于表面，失去其实用性。适度设计不仅体现在设计形式，还有使用功能的安排布置，还要考虑施工周期及工程造价。当我们强调办公空间的形式感和空间的艺术感染力时，还要注意适度的原则。

（三）办公空间室内设计

1. 办公空间的门厅设计

门厅是进入办公空间后的第一个印象空间，也是最能体现企业文化特征的地方，因此，在设计时应精心处理。前厅处一般设传达、收发、会客、服务、问询、展示等功能空间。综合办公楼的门厅处要设有保安、门禁系统，并且要标明该办公楼内所有公司的名称及所在楼层。

门厅最基本的功能是前台接待，它是接待、洽谈和客人等待的地方，也是集中展示公司企业文化、规模和实力的场所。门厅可以接待台及背景进行展示，使来访者第一眼见到的就是公司标志、名称和接待人员。也可在前台空间之前设计一个前导空间，同时在此营造一种特殊企业文化来吸引人的视线和来访者的关注。

门厅设计时应注意以下几点：

（1）门厅主要是满足接待、等候及内部人员“打卡出勤”记录等功能要求，因此，不宜设计得复杂，力求简单而独特。

（2）门厅设计应该以接待台与Logo形象墙为视觉焦点，将公司具代表性的设计运用到装饰设计中去，如公司标志、标准色等，结合独特灯光照明，给来访者留下强烈而深刻的印象。

（3）门厅的照明以人工照明为主，照度不宜太低，使用明亮的灯光突出公司名称和标志。

（4）门厅接待台的大小要根据前厅接待处的空间形状和大小而定，一般会比普通工作台长。接待台高度要考虑内外两个尺寸：接待人员在内，一般采用坐姿工作，因此，台面高度一般为700~780mm，访客在外，台面高度要符合站姿要求，一般为1070~1100mm。

（5）接待台要考虑设置电源插座、电话、网络和音响插座，还要考虑门禁系统控制面板的安装位置等。较小的公司也可以将整个公司的照明开关安放在前台接待处，以便于控制照明。

2. 办公室设计

（1）单间式办公室

单间式办公室是由隔墙或隔断所围合而形成的独立办公空间，是办公室设计中比较传统的形式，一般面积小，空间封闭，具较高私密性，干扰相对较少。典型形式是由走道将大小近似的中、小空间结合起来呈对称式和单侧排列式，这种形式一般适用于政府机关单位。

（2）单元式办公室

该类办公室一般位于商务出租办公楼中，也可以独立的小型办公建筑形式出现，包括接待、洽谈、办公、会议、卫生、茶水、复印、贮存、设备等不同功能区域。独立的小型办公建筑无论建筑外观还是室内空间都可以运用设计形式充分体现公司形象。

（3）开放式办公室

开放式办公室是灵活隔断或无隔断的大空间办公空间形式。这类办公室面积较大，能容纳若干成员办公，各工作单元联系密切，有利于统一管理，办公设施及设备较为完善，交通面积较少，员工工作效率高。但这种办公室存在相互干扰，私密性较差。

（4）半开放式办公室

半开放式办公室的办公位置一般也按照工作流程布局，但员工工作区域用高低不等的隔板分开，以区分不同工作部门。因为隔板通常只有齐胸高，因此，当人们站起身来时，仍然可以看到其他部门员工座位。这种办公室相对减少了员工相互干扰的问题，私密性较开放式办公室相对来说好一些。

（5）景观式办公室

景观式办公室的设计理念是注重人与人之间的情感愉悦、创造人际关系的和谐。该类办公室既有较好的私密环境，又有整体性和便于联系的特点。整个空间布局灵活，空间环境质量较好。由于它的设计理念与企业追求个性、平等、开放、合作的经营理念相同，因此，被全世界广泛采用。

（6）公寓式办公室

公寓式办公室是由物业统一管理，根据使用要求可由一种或数种单元空间组成。单元空间包括办公、接待和生活服务等功能区域，具有居住及办公的双重特性。一般设有办公室、会客空间、厨房、贮存间、卫生间和卧室等辅助办公空间。其内部空间组合时注意分合，强调共性与私密性的良好融合。

3. 会议室设计

（1）普通会议室设计

一般为小型会议室。有适宜温度、良好采光与照明，还有较好的隔声与吸声处理。会议室的照明以照亮会议桌椅区域为主，并要设法减少会议桌面的反射光。主要的设施有会议桌、会议椅、茶水柜、书写白板。总的来说，普通会议室要简洁、大方。

（2）多功能会议室设计

多功能会议室一般多为中、大型会议室。与普通会议室相比，设备更先进，功能更齐全，配有扩声、多媒体、投影、灯光控制等设施。在设计时，要考虑消防、隔声、吸声等因素。多功能会议室的光线应明亮，不过外窗应装有遮光窗帘。明亮的光线能让人放松心情，烘托愉快、宽松的洽谈氛围。

4. 接待室设计

接待室是企业对外交往的窗口，主要用于接待客户、上级领导或是新闻记者，其空间大小、规格一般根据企业实际情况而定，位置可与前厅相连。接待室可以是一个独立的房间，也可以是一小块开放区域。接待室宜营造简洁而温馨的室内氛围。室内一般摆放沙发、茶几、茶水柜、资料柜和展示柜等。

5. 陈列室设计

陈列室是展示公司产品、企业文化，宣传单位业绩的对外空间。可以设置成单独的陈列室，也可以利用走廊、前厅、会议室、休息室或接待室等的部分空间或墙面兼做局部陈列展示。陈列室设计重点是要注意陈列效果。

6. 卫生间设计

公共卫生间距最远的工作地点不应大于 50m。卫生间里小便池间距约为 650mm，蹲便器或坐便器间距约为 900mm。卫生间可配备隔离式坐便器或蹲便器、挂斗式便池、洗面盆、面镜和固定式干手机等。卫生间设计应以方便、安全、易于清洁及美观为主。同时，还要特别注意卫生间的通风设计。

7. 服务用房和设备用房设计

（1）服务用房设计

档案室、资料室、图书阅览室和文印室等类型的空间应保持光线充足、通风良好。存放人事、统计部门和重要机关的重要档案与资料的库房以及书刊多、面积大、要求高的科研单位的图书阅览室，则可分别参照档案馆和图书馆建筑设计规范要求设计。现代办公空间设计越来越人性化，因此，常常会在办公空间中设置员工餐厅或茶水间。

（2）设备用房设计

设备用房包括电话总机房、计算机房、变配电房、空调机房、晒图室等。这类空间应根据工艺要求和选用机型大小进行建筑平面和相应室内空间设计。

8. 办公空间照明设计

办公空间照明设计时首先要选择符合节能环保的光源和灯具，要考虑到色温、显色指数、光效和眩光四个因素。宜选择发光面积大、亮度低的曲线灯具。合理利用自然光，对办公建筑重点区域的照明进行优化设计，节能、舒适且人性化是合理的设计方案。要根据门厅、会议室、报告厅、餐厅、电梯厅、卫生间、走廊的功能和特点，有针对性地对办公建筑中具有优化潜力的区域进行优化设计，达到节能、舒适与丰富空间照明层次的效果。

三、办公室的设计要求与界面处理

（一）办公空间设计要求

空间设计要解决的首要问题是如何使员工以最有效的状态进行工作，这也是办公空间设计的根本，而更深层次的理解是透过设计来对工作方式产生反思。

（二）办公空间界面处理

1. 平面布局

根据办公功能对空间的需求来阐释对空间的理解，通过优化的平面布局来体现独具匠心的设计。

（1）平面布局设计首先应将功能性放在第一位。

（2）根据各类办公用房的功能以及对外联系的密切程度来确定房间位置，如门厅、收发室、咨询室等。会客室和有对外性质的会议室、多功能厅设置在临近出、入口的主干道处。

（3）安全通道位置应便于紧急时刻进行人员疏散。

（4）员工工作区域是办公空间设计中的主体部分，既要保证员工私密空间，同时也要保证工作时的便利功能，应便于管理和及时沟通，从而提高工作效率。

（5）员工休息区以及公司内公共区域通常是缓解员工工作压力、增加人与人之间沟通的地方，让员工拥有更愉快的工作体验。

（6）办公室地面布局要考虑设备尺寸、办公人员的工作位置和必要的活动空间尺度。依据功能要求、排列组合方式确定办公人员位置，各办公人员工作位置之间既要联系方便，又要尽可能避免过多穿插，减少人员走动时干扰其他人员办公。

2. 侧立面布局

办公室侧立面是我们感受视觉冲击力最强的地方，它直接显示出对办公室氛围的感受。立面主要从四个方面进行设计：门、窗、壁、隔断。

（1）门

门包括大门、独立式办公空间的房间门。房间门可按办公室的使用功能、人流的不同而设计。有单门、双门或通透式、全闭式、推开式、推拉式等不同使用方式，有各种造型、档次和形式。当同一个办公空间出现多个门的时候，应在整体形象的主调上将造型、材质、色彩与风格相统一、相协调。

（2）窗

窗的装饰一般应和门及整体设计相呼应。在具备相应的窗台板、内窗套的基础上，还应考虑窗帘的样式及图案。一般办公空间的窗帘和居室的窗帘有些不同，尽量不出现大的花色、图案和艳丽色彩。可利用窗帘多样化特性选用具有透光效果的窗帘来增加室内气氛。

（3）墙

墙是比较重要的设计内容，它往往是工作区域组成的一部分，好的墙面设计可以给室内增添出人意料的效果。办公室的墙面通常有两种结构，一是由于安全和隔声需要而做的实墙结构，一是用玻璃或壁柜做的隔断墙结构。

①实墙结构

要注意墙体本身的重量对楼层的影响，如果不是在梁上的墙，应采用轻质或轻钢龙骨石膏板。但在施工的时候一定注意隔声和防盗要求，采用加厚板材，加隔声材料、防火材料等方法。

②玻璃隔断墙

玻璃隔断墙是一般办公室较为常用的装饰手段，特别是在走廊间壁等地方。一是领导可以对各部门的情况一目了然，便于管理；二是可以使同样的空间显得明亮宽敞，加上磨砂玻璃和艺术玻璃的加工，又给室内增添不少情趣。

墙的装饰对美化环境、突出企业文化形象起到重要作用。不同行业有不同的工作特点，在美化环境的同时还应突出企业文化，设计创意公司可将自己的设计或创意悬挂或摆放出来，既装点墙面，又宣传公司业务。墙面还可以挂一些较流行的、韵律感强的或抽象的装饰绘画作装饰，还可悬挂一些名人字画或摆放具有纪念意义的艺术品。

3. 顶界面设计

顶部装饰手法讲究均衡、对比、融合等设计原则，吊顶的艺术特点主要体现在色彩变化、造型形式、材料质地、图案安排等。在材料、色彩、装饰手法上应与墙面、地面协调统一，避免太过夸张。顶棚的分类有很多方式，按顶棚装饰层面与结构等基层关系可分为直接式和悬吊式。

第三节　餐饮空间设计

一、餐饮空间设计基础

（一）餐饮空间类型

餐饮空间是餐厅、宴会厅、咖啡厅、酒吧及厨房的总称。按国家和地区不同，可以将餐饮空间分为中餐厅、西餐厅、日式餐厅等多种类型。按餐饮品种不同可将餐饮空间分为餐馆、饮品店和食堂等。餐馆以饭菜为主要经营项目，如经营中餐、西餐、日餐、韩餐的餐厅。饮品店以冷热饮料、咸甜点心、酒水、咖啡、茶等饮品为主要经营项目，如茶馆、咖啡馆、酒吧等。食堂是指机关、厂矿、学校、企业、工地等单位设置的供员工、学生集体就餐的非营业性的专用福利就餐场所。

1. 中餐厅

中餐厅是供应中餐的场所。根据菜系不同，中餐厅可分为鲁、川、苏、粤、浙、闽、湘、徽八大菜系及其他各地方菜系餐馆，有的餐馆还推出各种创意菜或创新菜系，经营中餐成为餐饮店的主流方向。中餐厅的设计元素主要取材于中国古代建筑、家具和园林设计，如运用藻井、斗拱、挂落、书画、传统纹样和明清家具等进行装饰。

2. 西餐厅

因为烹饪形式、用餐形式和服务形式的不同，西餐厅的设计与中餐厅大不相同。可以利用烛光、钢琴和艺术品来营造格调高雅的室内氛围。

3. 风味餐厅

风味餐厅的设计可以和特色的餐饮文化相结合，在设计上强调地域性、民族性和文化特征，如可以采用一些具有鲜明地域与民族特色的绘画、雕塑、手工艺品等突出其设计主题，也可以用一些极具特色的陈设品来点缀和突出设计主题。

4. 咖啡馆

咖啡馆主要是为客人提供咖啡、茶水、饮料的休闲和交际场所。因此，在设计咖啡馆时要创造舒适、轻松、高雅、浪漫的室内氛围。

5. 酒吧

酒吧是提供含有酒精或不含酒精的饮品及小吃的场所。功能齐全的酒吧一般有吧厅、包厢、音响室、厨房、洗手间、布草房（换洗衣室）、储藏间、办公室和休息室等。酒吧设备包括吧台、酒柜、桌椅、电冰箱、电冰柜、制冰机、上下水道、厨房设备、库房设备、空调设备、音响设备等。现在有许多酒吧还添置了快速酒架、酒吧枪、苏打水枪等电子酒水设备。

6. 茶馆

茶是全世界广泛饮用的饮品，种类繁多，具有保健功效，它不仅是一种饮品，还是一种文化。我国的茶文化源远流长，自中唐茶圣陆羽所著《茶经》面世，饮茶由生活风俗变成文人追求的一种精神艺术文化。如今品茶也成了一种以饮茶为中心的综合性群众消费活动，各类茶馆、茶室成为人们休闲会友的好去处。茶馆的设计不仅要满足其功能要求，还应在设计上反映饮茶者的思想和追求，其室内氛围应以古朴、清远、宁静为主。

7. 快餐厅

快餐厅的设计要体现现代生活的快节奏。快餐厅的用餐者一般不会花太多时间就餐，也不会过多注意室内环境，所以在设计快餐厅时可以利用色彩的变化、实用而美观的桌椅和绿色植物来创造明快、简洁、干净的环境，在设计快餐厅时要注重功能布局。

（二）餐饮空间设计组成部分

1. 入口区

入口区是餐饮空间由室外进入室内的一个过渡空间，为了方便车辆停靠或停留，一般在入口外部要留有足够大的空间，同时应有门童接待，进行车位停靠引导，入口内侧应设有迎宾员接待、引导等服务的活动空间。如果餐饮店空间足够大，还可以单独设置休息区域、等候区域和观赏区域。入口内外功能区服务反映了一个餐饮店的服务标准，同时也能为餐饮店起到良好的宣传作用。入口区的设计应让顾客觉得舒适、放松和愉悦，因此，在照明、隔音、通风和设计风格等各方面都要细致考虑。

2. 收银区

收银区主要是结账收银，同时也可作为衣帽寄存处，因此，一般设置在餐饮店的入口处。服务收银台是收银区必不可少的配套设施，它可以体现餐饮店的企业形象，给顾客走进和离开餐厅时留下深刻的印象。同时，合理的收银台设计可以加快人员流动，减少顾客等待时间。收银台长度一般根据收银区面积来决定，不宜过长过大，否则会占用营业区面积，影响餐饮店正常经营。收银台需要摆放电脑、电脑收银机、电话、小保险柜、收银专用箱、验钞机和银行 POS 机设备等各种物品。小型餐饮店收银台后还可以设置酒水陈列柜，主要为顾客提供饮料、茶水、水果、烟和酒等物品。

收银区还可以兼做衣帽寄存处，当然小型餐饮店与快餐店出于经营角度和盈利目的可以考虑不予设置。设置在大型购物空间内的餐饮店应该考虑衣帽寄存区，因为就餐的顾客大多是购物完去就餐的，他们往往手里会提着很多物品，让他们轻装上阵地去享受正餐是对顾客最人性化的关怀。

3. 候餐区

根据经营规模和服务档次的不同，候餐区的设计处理有较大区别。由于候餐区属于非营利性区域，应根据上座率情况进行功能布局，在设计上也应该结合市场体现商业性。同时在候餐区可放置一些酒类、饮料、茶点、当地特产、精品茶具和餐具等，以刺激顾客的潜在消费需求，促进餐厅盈利。

4. 就餐区

就餐区是餐厅空间的主要部分，它是用餐的重要场所。就餐区配有座位、服务台和备餐台等主要设施，其常见的座位布置形式有散座、卡座或雅座和包间三种形式。就餐区的布局要考虑动线的设计、座位和家具的摆放、人体工程学尺寸的运用、环境氛围的营造等诸多内容，如顾客的活动和服务员服务动线要避免交叉设计，以免发生碰撞。

5. 厨房区

厨房是餐厅运营中生产加工的空间。厨房的规模一般要占到餐饮店总面积的 1/3，但是由于餐厅类型不同，这个比例会有很大的出入。如以中国传统文化为主题的中餐厅设计为例，厨房面积一般占餐厅总面积的 18%～30%。

根据生产工艺流程可以将厨房区分为验收区、储藏区、加工区、烹饪区、洗涤区和备餐区等多个功能区域。厨房的功能性比较强，在整体规划时应以实用、耐用和便利为原则，严格遵循食品的卫生要求进行合理布局，同时还要考虑通风、排烟、消防和消除噪声等各方面要求。

6. 后勤区

后勤区是确保餐厅正常运营的辅助功能区域。后勤区由办公室、员工内部食堂、员工更衣室与卫生间等功能区域组成。在实际设计工作中，设计师应根据每家餐厅不同的特点来规划空间，灵活处理，为每个餐厅量身定做设计方案。

7. 通道区

通道区是联系餐饮店各个空间的必要空间。通道区的设计主要考虑流线的安排，要求各个流线不交叉，尽量减少迂回曲折的流线，同时保证通道的宽度要适宜，过窄的通道不利于人流的疏散。通道区也是餐饮店的宣传窗口，因为顾客在行走的过程中就可以体验餐饮店的设计理念，良好的通道设计可以让顾客放松压力，舒缓精神，进而保持愉快的心情。

8. 卫生间

卫生间应干净、整洁。如果条件允许的话，最好增加单独的化妆空间。

卫生间的面积可根据餐饮店总面积而定，入口位置要相对隐蔽，避免就餐的顾客直接看到。卫生间的设计除了要注意人体工程学的运用，注意通风和换气，还应该考虑残疾人、老人和儿童使用时是否方便。

（三）中餐厅室内设计

1. 中餐厅设计前期调研

（1）客户调研

与客户及餐饮店每一个工作成员进行广泛而深入的沟通交流，了解客户的经营角度和经营理念，明确客户对中餐厅设计的要求，如对中餐厅设计的功能需求、风格定位、个性喜好、预算投资等。准备餐饮店工作人员工作情况调查表和客户情况调查表，请相关人员填写，并与客户交流，表达初步的设计意图。

（2）项目调研

①项目现场勘察

目的是看现场是否和甲方提供的建筑图样有不相符之处，了解建筑及室内的空间尺度和空间之间的关系，熟悉现有建筑结构和建筑设备，如了解和记录建筑空间的承重结构、防火墙、现场的建筑设备、管道和接口等的位置。如果是改建工程，则须查看项目原有的逃生和消防设计是否合理，原电压负荷是否充足，是否需要增加电缆数量等，调查项目现场周边环境情况、人流量、交通和停车位状况。项目现场的地理位置会影响到厨房的设计，如城市郊区或边远地方一般没有菜市场，买菜十分不便，需要在厨房准备更多的存储设备来放菜，在平面规划时，厨房的储存空间就要更大。

②项目现场测绘

项目现场测绘是设计前期准备工作中十分重要的环节。通过工程项目现场测绘可以了解餐厅装修前现场的具体情况，查看现场是否和甲方提供的建筑图样有不相符之处，能让设计师实地感受建筑及室内的空间尺度和空间之间的关系，为下一步的设计工作做好有针对性的前期准备工作。

现场测绘一般利用水平仪、水平尺、卷尺、90 度角尺、量角器、测距轮、激光测量仪、数码照相机或数码摄像机等工具测量并记录各室内平面尺寸、各房间的净高、梁底的高和宽、窗高和门高。特别注意一些管道、设施和设备的安装位置，例如坐便器的坑口位置、给排水的管道位置、水表和气表等的安装位置等，要将这些设备的具体位置在图样上详细、准确地记录下来。还要注意室内空间的结构体系、柱网的轴线位置与净空间距、室内的净高、楼板的厚度和主、次梁的高度。

（3）市场调研

①地域文化调研

一个地区独特的自然条件、历史积淀、街巷风貌、风土人情、文化传统和意识形态乃至共同的信仰和偏好可以作为餐饮设计主题确定的切入点。所以，在设计前期可以去查阅地方志、人物志来详细了解当地的地域文化。

②同行调研

主要调研当地中餐厅的经营规模和经营状况，以及菜品品种、菜品价格、服务和室内环境等。同时对它们进行实力排名，分析中餐厅经营成功的原因，如管理水平先进，服务优秀，还是菜品优越；也要分析中餐厅失败的原因，如菜品问题、服务问题，还是管理问题。同行调研分析也有助于中餐厅进行设计定位。

2. 中餐厅功能分区设计要点

（1）满足盈利需求

任何一个餐厅在设计之初，都要考虑到投资的回收，做好项目投资预算。根据预算决定消费标准和座位数，从而规划前厅、吧台、餐厅、厨房、库房和职工生活区等各区域的面积。一般高档中餐厅每个客人的平均活动占有面积远远高于中、低档中餐厅每个客人的平均活动占有面积。同时高档中餐厅中客人的等候区域、进餐区域，甚至洗手间的面积相对中、低档中餐厅来讲都要大得多。

（2）满足客人需求

根据顾客需求、行为活动规律和人体工程学原理，合理地设计空间。要考虑到不同人的需要，如果餐厅里有很小的供儿童游戏的空间，那就会成为父母的首选餐厅。快餐厅里的餐桌椅不适合选用柔软的沙发，因为椅子过于舒适会使顾客就餐时间延长，不利于提高翻台率。

（3）满足服务需求

餐饮空间不仅要为顾客提供好的菜品，同时还要提供最好的服务，因此，设计时就要考虑到服务需求，如餐厅的上菜服务通道不能过窄，否则不方便服务员上菜。上菜要经过的门可设计成双开门，方便服务员端着盘子顺畅地通过或推着餐车经过。厨房里灶台和旁边操作台之间的距离不宜过宽，否则厨师在炒菜时转身到操作台上放炒好的菜或是拿配好的菜的距离都会加大，这样一个厨师一天就要多走很多路，上菜可能就会慢一些。

（4）满足职工需求

除了满足顾客需求，同时还要满足餐饮店员工的需求。合理规划出后勤区，要设计单独的职工通道、物流通道，并且要与顾客通道完全分离。

3. 就餐区设计

就餐区是中餐厅空间设计的主体，采用何种空间组织形式也是要重点考虑的内容，空间组织形式与人流动线、座位摆放形式以及厨房开放程度有关。

（1）就餐区座位布置形式

不同类型的中餐厅因其经营方式与经营理念的不同会有不同座位形式。常见座位布置形式有散、雅座和包间三种形式。

（2）以开放式厨房为中心的就餐区设计

开放式厨房能让顾客直观地看到厨师们烹饪的场景。顾客可以一边用餐一边观看厨师的厨艺表演，让顾客吃得放心且开心，还能提高餐厅上菜与撤台的效率，有利于餐厅的盈利。

4. 厨房区设计

厨房是中餐厅运营中最重要的生产加工部门，它直接控制着餐饮品质和餐厅销售利润。因此，厨房设计必须从实用、安全、整洁角度出发，合理布局，并遵循相关设计与防火规范。一般而言，厨房由多个功能区域组成，并且不同类型的中餐厅功能分区因其经营内容、经营方式、规模档次的差异而有所不同。

（1）厨房的功能分区原则

①遵循效率第一和效益第一原则。

②合理的设备配置：了解客户的投资意向、餐厅的既定菜式和最多进餐人数，同时根据这些情况来确定厨房的主要设备数量和型号，合理配置设备。

③工作流程顺畅：依据厨房工作人员的工作流程进行动线设计。

④依据法律法规标准规划设计：符合卫生防疫、环保、消防等部门规定的各项要求，如食物、用具和食品制作等，存放时应做到生熟食品分隔、冷热食品分隔和不洁物与清洁物分隔，燃油、燃气调压、开关站与操作区分开，并配备相应消防器材。

⑤功能匹配科学合理，体现人性化设计：了解项目现场具体情况，如厨房平面尺寸、空间高度，根据人体工程学原理，进行合理设计。

（2）储藏区

储藏区是将外部运送的各种食品原料进行选择、验收、分类、入库的活动区域。餐厅应有设施和储存条件良好的储藏区。食品原料因质地、性能不同，对储存条件的要求也不同。根据食品原料使用频率、数量不同，对其存放的地点、位置和时间要求也不同。同时，有毒货物包括杀虫剂、去污剂、肥皂以及清扫用具不能存放在储藏区。储藏区应保持室内阴凉、干燥、通风，做到防潮、防虫、防鼠。按食品原料对储存条件的要求，通常可将储藏区分为验收区、干货区、酒水区、冷藏区和冷冻区五个部分。

（3）加工区

加工区是厨房加工食物的区域。不同类型的餐饮店对食品加工的要求也不同，就中餐厅而言，厨房加工区主要是指对食品原料进行洗、切等加工处理。因此，可将加工区分为粗加工区和精加工区。

（4）烹饪区

烹饪区是对各类菜肴进行烹调、制作的区域，是厨房工作中最重要的环节。厨房中的烹饪区应紧邻就餐区，以保证菜肴及时出品。烹饪区功能分区可以根据厨师的工作流程设计，如取料、烹饪、装盘、传递、清理案面。同时，烹饪区要有足够的冷藏和加热设备，每个炉灶之上须有运水烟罩或油网烟罩抽风，并使其形成负压，这样大量的油烟、浊气和废气才会及时排到室外，保持室内空气清新。尤其设计明厨、明档的餐厅，更要重视室内通风、消噪与排烟设计。

（5）洗涤区

洗涤区的面积约占厨房总面积的 20%~22%。洗涤区的位置应靠近就餐区与厨房区，以方便传递用过的餐具和厨房用具，提高工作质量和工作效率。洗涤区的给排水设计应合理，进水管应以 1 英寸（2.54 厘米）直径水管为宜，下水排放应采用明沟式排水。除洗涤设备外，洗涤区还应选择可靠的消毒设备及消毒方式。

5. **中餐厅设计常用的装饰材料**

不是选用最贵的材料就能装出最好的效果，选用一些相对经济的材料可以降低装饰的总造价，减少餐饮店前期的投入而有利于盈利。不同经营方式的中餐厅所选用的材料也不太相同，但无论选择哪种材料，都要遵循环保、经济、实用的设计原则。

经营中餐的地面材料不宜选用地毯，因为一旦汤水洒到地毯上很难处理，而且容易有虫和灰尘，污染室内空气。当然，地面材料也不仅有这些，鹅卵石、片石、青砖、红砖和水泥都可以成为中餐厅内的地面材料，并且还能创造不一样的装饰效果。

中餐厅的墙面材料以内墙乳胶漆为主，偏暖的米白色、象牙白等墙漆能让室内显得干净而整洁。如果中餐厅需要某一个较为风格化的墙面作为亮点，那么可以采用其他材质来处理，以烘托出不同格调的氛围，也有助于设计风格的表达。

中餐厅顶面材料的使用要看是否吊顶，如果不吊顶，那么在裸露的钢筋混凝土梁架、钢梁架和木梁架上刷有色漆或是保持结构的原样也是可以的。如果需要吊顶，则一般多以石膏板、纤维板、夹板为基础材料，再在基础面上刷涂料、裱糊壁纸，或局部使用一些玻璃、木材、不锈钢等材料。

6. 中餐厅照明设计

良好的照明设计可以营造出宜人的室内氛围，也能提高人们就餐兴致，增加食欲。可以说，不同颜色光照下的空间和物体，不但外观颜色会发生变化，产生的环境气氛和效果也会大不相同，还会直接影响我们对空间的体验。

（1）自然光照明

人们在自然光下工作、生活和休闲，心理和生理上都会感到舒适愉快。另外，自然光具有多变性，产生的光影变化更丰富，让室内空间更加生动。因此，设计师可以充分利用自然光营造中餐厅的室内光照效果。

（2）人工光源照明

人工光源相比自然光来说，要稳定可靠，不受地点、季节、时间和天气条件的限制，较自然光更易于控制，而且符合各种特殊环境的需要。对于餐饮环境而言，人工照明不只是为了照亮空间，更重要的是营造氛围，如柔和清静的茶馆、浪漫温馨的西餐厅或热闹充满活力的中餐厅。不同类型的餐厅都需要不同的照明设计来营造氛围，突出设计主题。

中餐厅常用的灯具种类有吊灯、吸顶灯、筒灯、格栅灯、壁灯、宫灯、台灯、地灯、发光顶棚和发光灯槽等。常用的照明方式有整体照明、局部照明和特种照明等。整体照明是使餐厅就餐空间各个角度的照度大致均匀的照明方式，一般的散座就餐常会采用这种形式。局部照明也称重点照明，是指只在工作需要的地方或是需要强调、引人注意的局部才布置的光源。特种照明是指用于指示、应急、警卫、引导人流或注明房间功能、分区的照明。

（四）中餐厅外观设计

与众不同的餐厅门面设计会给顾客留下深刻的印象，门面设计包括门头、外墙、大门、外窗和户外照明系统等部分。门面的设计首先要和原有的建筑风格保持一致，最好结合原建筑的结构进行设计。门面装饰要注意大门的选择，门的样式与门头风格要相融。如果餐厅外墙足够长，可以选择开比较大的玻璃窗，就餐厅而言，靠窗户边的位子往往是最受顾客喜欢的。当然，玻璃窗虽然有很好的采光和装饰作用，但安全性能不好，如果使用钢化玻璃则增加装修成本，保温性能也较差，冬冷夏热。

中餐厅的户外广告及标牌设计要注意色彩、形状和外观的不同效果，招牌作为餐厅的标志最能吸引人们的注意力。招牌的设计宜突出餐饮店的特点，无论哪种类型的餐饮店，招牌的字体都应该让人容易识别，比如对于一些风味餐馆来说，招牌要更加突出餐厅的特色。

中餐厅周边的景观环境也要仔细设计。尽管很多餐饮店的周边环境会受到场地的限制而无法进行更多的园林景观设计，但在店外设置一些绿化造景或是别致的陈设也会让路过的人们觉得这是一家高档、有品位的餐馆。

如果要在夜晚吸引顾客到店内就餐，那么就要选择合适的光源作为户外照明，一般主要选择射灯、透光型灯箱、字形灯箱和霓虹灯等照明系统。霓虹灯处理不当的话容易使店面花哨，降低店面档次，因此，使用霓虹灯照明的餐饮店并不多见。

二、餐饮空间设计时应注意的问题

餐饮空间的面积可根据餐厅的规模与级别来综合确定，一般按每座位 1.0~1.5m^2 来计算。餐厅面积指标的确定要合理，指标过小，会造成拥挤、堵塞；指标过大，会造成面积浪费、利用率不高和增大工作人员劳动强度等问题。

营业性餐饮空间应有专门的顾客出入口、休息厅、备餐间和卫生间。

就餐区应紧靠厨房设置，但备餐间的出入口应处理得较为隐蔽，同时还要避免厨房气味和油烟进入就餐区。

顾客用餐活动路线与送餐服务路线应分开，避免重叠。在大型多功能厅或宴会厅应以备餐廊代替备餐间，以避免送餐路线过长。

在大型餐饮空间中应以多种有效的手段来划分和限定不同的用餐区，以保证各个区域之间的相对独立和减少相互干扰。

餐饮空间设计应注意装饰风格与家具、陈设以及色彩的协调。地面应选择耐污、耐磨、易于清洁的材料。

餐饮空间设计应创造出宜人的空间尺度、舒适的通风和采光等物理环境。

三、餐饮空间环境气氛的营造

（一）色彩

餐饮空间的色彩多采用暖色调，以达到增进食欲的目的。不同风格的餐饮空间其色彩搭配也不尽相同。中式餐饮空间常用褐色、黄色、大红色和灰白色，营造出稳重、儒雅、温馨、大方的感觉；西式餐饮空间多采用粉红、粉紫、淡黄、褐色和白色，有些高档西餐厅还施以描金，营造出优雅、浪漫、柔情的感觉；自然风格的餐饮空间多选用天然材质，如竹、石、藤等，给人以自然、休闲的感觉。

（二）光环境

1. 直接照明光

直接照明光的主要功能是为整个餐饮空间提供足够的照度。这类光可以由吊灯、吸顶灯和筒灯来实现。

2. 反射光

反射光主要是为衬托空间气氛、营造温馨浪漫的情调而设置的，这类光主要由各类反射光槽来实现。

3. 投射光

投射光的主要功能是用来突出墙面重点装饰物和陈设品，这类光主要由各类射灯来实现。

4. 陈设

室内陈设的布置与选择也是餐饮空间设计的重要环节。室内陈设包括字画、雕塑和工艺品等，应根据设计需要精心挑选和布置，营造出空间的文化氛围，增加就餐的情趣。

第四节　商业空间设计

一、商业空间设计的基本知识

商业空间建筑在一定程度上能够折射一个城市经济发展程度和社会发展状态，反映城市物质、经济生活和精神文化风貌。传统的商业空间被赋予崭新功能，而今商业空间成为人们生活休闲、交流、沟通等活动的场所。商业空间外延广泛，在设计中要注意整体的和谐统一。在众多空间类型中，最多元的就是商业空间，商业的概念有广义和狭义之分。因此，为商业活动提供的环境空间设计也有广义和狭义之分，广义上可理解为一切与商业活动相联系的空间设计，狭义上可理解为商业活动所需的空间环境设计。狭义上的商业空间设计在当代商业空间使用功能方面的多样性逐渐加大，如综合体、酒店、餐饮、娱乐场所等。现有商业空间已经无法满足人们的需求，人们对环境有了更高层次的追求，这样的需求下，必定会出现更多具有创意的空间设计。

商业类建筑一般包括商店、商场和购物中心等。商业空间设计要特别注意建筑形体、商店招牌、店面设计、橱窗布置、照明装置和商店入口等。商业空间根据经营性质和规模，将区域按种类划分。

顾客通行和购物流线组织对营业厅整体布局、商品展示、视觉感受、流通安全等极为重要。顾客流线组织应着重考虑：

①商店出入口位置、数量、宽度以及过道与楼梯的数量和宽度，要满足安全疏散要求；②根据客流量和柜面布置方式来确定最小通道宽度，大型营业厅应区分主次通道、通道与出入口以及楼梯、电梯和自动梯的连接，要有停留面积，便于顾客集中和周转；③方便顾客顺畅地浏览商品柜，要避免单向折返与流线死角，保证安全进出；④根据通行过程和临时停顿的活动特点，商场主要流线通道与人流交汇停留处是商品展示、信息传递的最佳展示位置，设计时要仔细筹划。

从顾客进入营业厅开始，设计者就要考虑从顾客流线进程、停留、转折等处进行视觉引导，要利用各种方式明确指示或暗示人流方向。根据消费心理的特征，引导顾客购物方向的常用方式有以下四种：

①直接通过商场布局图、商品信息标牌以及路线引导牌等指示营业厅商品经营种类的层次分布，标明柜组经营商品门类，指引通道路径等；②通过柜架与展示设施等空间划分，进行视觉引导；③通过营业厅地面、顶棚、墙面等各界面的材质、线型、色彩和图案的配置，引导顾客视线；④采用系列照明灯具，借助光色的不同色温和光带标志等进行视觉引导。

商业空间既要满足商品的展示性，又要满足商品的销售性，空间的各个不同区域均要以此为出发点进行设计构思。

（一）店面

店面是商业空间重要的对外展示窗口，是吸引人流的第一要素。店面造型应具有识别与诱导特征，既能与商业周边环境相协调，又有视觉外观个性。

（二）入口

商业空间的入口设计应表现出该商店的经营性质、规模、立面个性和识别效果。另外，商店入口要设置卷帘或金属防盗门。

商业空间入口的设计手法通常表现为：一是突出入口空间处理，不能单一地强调一个立面效果，要形成一个门厅的感受；二是追求构图与造型的立意创新，可通过一些新颖的造型形成空间的视觉中心；三是对材质和色彩精心配置，入口处的材质和色彩往往是整个空间环境基调的铺垫；四是结合附属商品形成景观效果。

（三）营业厅

营业厅的空间设计应考虑合理、愉悦的铺面布置，方便购物的室内环境，恰当的视觉引导设置以及能激发购物欲望的商业气氛和良好的声、光、热、通风等物理条件。由于营业厅是商业空间中的核心和主体空间，故必须根据商店的经营性质，在建筑设计时确定营业厅面积、层高、柱网布置、主要出入口位置以及楼梯、电梯、自动梯等垂直交通位置。一般来说，营业厅空间设计应使顾客进出流畅，营业员服务便捷，防火分区明确，通道、出入口顺畅，并符合国家有关安全疏散规范要求。

（四）柜面

营业厅的柜面，即售货柜台、货架展示的布置，是由销售商品的特点和经营方式所决定的。柜面设置要遵循合理利用空间和顾客习惯原则，强调安全、耐用、设计简洁。柜面的展销方式通常有：

1. 闭架，主要以高档物品或不宜直接选取的商品为主，如首饰、药品等；

2. 开架，适宜挑选性强，除视觉观察外，对商品质地、手感也有要求的商品；

3. 半开架，指商品开架展示，但在展示区域设置入口限制；

4. 洽谈销售，某些高档商店，要与营业员进行详细商谈、咨询。采用就座洽谈方式，能体现高雅、和谐的氛围，如销售家具、电脑、高级工艺品、首饰等。

二、商业空间设计基础

（一）商业空间设计原则

1. 商业性原则

好的室内设计应该具有商业性，商业空间的设计不单单是一个室内设计，更是一个商品企业文化的展示、商业价值的实现以及企业发展方向的体现。设计与商业并不冲突，因为设计也是为了实现商业价值，而商业也需要设计来美化和诠释。因此，商业性是商业空间室内设计最基本的设计原则。

2. 功能性原则

商业空间以销售商品为主要功能，同时兼有品牌宣传和商品展示功能。商业空间设计一般是根据其店面平面形状及层高合理地进行功能分区设计和客流动态安排。因此，商业空间室内设计与店面设计应最大限度地满足功能需求。

3. 经济性原则

商业空间装修的造价会受所经营商品价值的影响，商品的价值越高，相应的装修档次也越高。顾客一般也会根据专卖店的装修档次来衡量商品的价格，比如，用低档的装修展销高档的商品，就会影响商品的销路，反之用高档的装修陈列低档的商品，顾客也会对商品产生怀疑而影响商品的销售。因此，商业空间的装修总造价要与商品的价值相适应。

4. 独特性原则

独特性是商业空间设计的一项重要原则。如何使某一商业空间在众多店铺中脱颖而出，从而吸引顾客的眼球是商业空间设计时首要考虑的条件。独特的设计可以让商业空间室内环境更具有商业气质，富有新奇感的设计可以提高商品的附加值，让商业空间盈利更高。

5. 环保性原则

节能与环保也是室内设计界一个重要研究课题。随着人们生活水平的提高，越来越多的人崇尚健康、自然的生活方式。商业空间设计时应尽可能使用一些低污染、可回收、可重复利用的材料，采用低噪声、低污染的装修方法和低能耗的施工工艺，确保装修后的店内环境符合国家检测标准。

（二）专卖店设计组成部分

1. 店面设计

店面设计十分重要，而专卖店商品的品牌与风格则影响着店面设计。如在服装专卖店设计中，一般经营正装的店面风格宜大气、简洁，而经营休闲装的店面风格则相对活跃、时尚，可以用明亮的色彩来创造生动的室内氛围。

2. 卖场设计

卖场设计包括收银区、陈列区、休息区、储藏区等几个部分的设计，卖场设计是专卖店室内设计的核心部分。卖场设计以展示商品为中心，空间布局要合理，交通路线要明确而流畅。

3. 商品陈列设计

商品陈列要突出商品形象，最好能在陈列中形成一个焦点，以引起顾客注意。同时要求商品陈列的方式要充分体现该商品的特点，并且新颖独特。商品陈列要让顾客看得见、摸得着，触发其购买动机。

4. 展示道具设计

展示道具不仅能满足展示商品的功能，同时也是构成展示空间形象、创造独特视觉形式的最直接元素。

5. 照明设计

良好的照明设计可以引导顾客的注意力，可以让商品更加鲜艳生动，还可以完善和强化商店的品牌形象。良好的照明设计不仅能引起顾客的购买欲望，同时还能渲染室内氛围，刺激消费。

（三）专卖店室内设计

1. 专卖店设计前期调研

（1）客户调研

与客户进行广泛而深入的沟通交流，了解客户的经营角度和经营理念。准备客户情况调查表和目标消费顾客情况调查表，请客户和顾客填写，并告知客户初步的设计意图。

（2）项目现场勘察

项目现场勘察首先要了解项目现场周边环境、人流量、交通和停车位状况。了解建筑及室内的空间尺度和空间之间的关系。了解现有建筑结构和建筑设备。如果是改建工程则须查看原来的逃生和消防设计是否合理，原电压负荷是否充足，是否需要增加电缆数量等。然后再进行项目现场测绘，如果项目有甲方提供的建筑图样，则要查看现场是否与原建筑图样有不相符合之处，并且应利用水平仪、水平尺、卷尺、90度角尺、量角器、测距轮、激光测量仪、数码照相机或数码摄像机等工具，测量并记录各室内平面尺寸、各房间的净高、梁底的高和宽、窗高和门高。特别要注意一些管道、设施和设备的安装位置，还要注意室内空间结构体系，柱网的轴线位置与净空间距，室内净高，楼板厚度和主、次梁高度。

项目现场勘察能让设计师实地感受建筑及室内空间尺度和空间之间关系，为下一步设计工作做好针对性准备。

（3）专卖店市场调研

①商品品牌调研

商品品牌调研主要是了解品牌社会知名度、文化内涵及经营产品种类、产品销售形式等。品牌知名度会影响到该品牌产品的销售。品牌专卖店主要是帮助企业推广和营销产品，同时让商家获利。了解品牌营销方式更有利于专卖店设计。

②同行调研分析

主要调研当地和外地同品牌专卖店经营规模、经营状况，还有销售方式、销售产品类型、服务和室内环境等。同时对它们进行实力排名，分析服装专卖店成功的原因，例如销售方式、商品质量、价格优势等；也要分析服装专卖店失败的原因，如是销售问题、商品问题，还是价格问题等。同行的调研分析也有助于专卖店进行设计定位。

③顾客信息调研分析

顾客信息调研分析是指调研专卖店目标顾客的消费能力、消费方式以及喜欢的消费环境。消费方式是生活方式的重要内容，比如互联网的出现，改变了很多人的生活方式和消费方式，过去人们在实体店买衣服，而如今很多人选择在网店上购买衣服。

2. 专卖店卖场设计

专卖店卖场设计是设计的核心部分。

（1）平面布局设计

专卖店的空间复杂多样，其经营的商品品种因店面面积不同而各不相同。但无论是经营哪种商品，专卖店平面格局都应该考虑商品空间、店员空间和顾客空间。

（2）入口设计

根据品牌不同，专卖店入口设计也不相同，一般低价位品牌商品专卖店可以做成开度大的入口。中、高档品牌商品的专卖店由于每天的客流量相对较小，其顾客群做购物决定的时间相对较长，并且需要一个相对安静、优雅的购物环境，因此，入口开度相对要小一点，并且要设计出尊贵感。另外，还要根据门面大小来考虑入口设计。无论入口设计形式如何，入口都应该是宽敞、方便出入，同时要在门口留出合理活动空间。

（3）收银区设计

收银区通常设立在专卖店后部，这样更有利于空间利用。专卖店收银区设计要考虑到顾客在购物高峰时也能够迅速付款结算。所以，在收银台前要留有相应的活动空间。

3. 专卖店陈列设计要点

（1）营造空间的“视觉焦点”

“视觉焦点”是最容易吸引顾客视线的地方，并且还具有传达商品信息、促进商品销售的作用。专卖店的室内可以用一处独特新颖的商品陈列来创造“视觉焦点”，从而展现店铺的经营特色和风格。

（2）用色彩来主导陈列设计

有序的色彩主题带给整个卖场鲜明、有序的视觉效果和强烈的视觉冲击力。

（3）便于顾客挑选和购买商品

无论对商品采用何种陈列方式，都应方便顾客挑选和购买。要让顾客直观地了解商品品种、特点和价格，不用问销售人员也能对商品一目了然，可以节约顾客时间，也可减轻销售人员工作负担。

（4）人性化设计原则

充满人性的陈列设计会给顾客带来亲和感，符合消费者购物心理，提高店铺知名度。

（四）专卖店店面设计

店面是反映一个企业的窗口，在一定程度上能传达企业文化内涵、社会意识、城市风貌和地域文化。专卖店店面设计不仅需要一个好的创意，还要结合店铺的地理位置、建筑面积大小、建筑立面形式、经营特点和顾客购物心理需求等具体情况来决定。店面设计不仅要美观、新颖和独特，还应有潜在商业价值。

1. 招牌设计

招牌设计应新颖、醒目、简明，不但要做到造型美观，所用材料要耐久、抗风和抗腐，而且制作加工还应当精细。不同材料能反映出不同的气质，如石材显得厚重、庄严，金属则显得明亮、时尚，选用何种材料也会受到专卖店设计风格的限制。固定形式有悬挂、出挑、附属固定和单独设置四种形式。招牌除了美观，安全也非常重要。

2. 店门设计

店门的材料在以往都采用硬质木材，也有在外部包铁皮或铝皮，制作较简便。我国已开始使用铝合金材料制作商店门。无边框的整体玻璃门属豪华型门廊，由于这种门透光性好，造型华丽，所以常用于高档首饰店、电器店、时装店和化妆品店等。明快、通畅、具有呼应效果的门廊才是最佳设计。

3. 橱窗设计

顾客在进入专卖店之前，都会有意无意地浏览橱窗，所以，橱窗设计与宣传对消费者购买情绪有重要影响。好的橱窗布置既可起到介绍商品、指导消费、促进销售的作用，同时还可以宣传企业文化与精神。当然，橱窗的展示不能只是让人看过后仅记住这个商品，它还代表着一种让人们享受的生活方式。

三、商业空间设计的典型案例分析

（一）案例一

该案例为一地处市中心的中高端商场，商场既是商业空间，又是展示空间，通常利用流线、柜面、展具的设计提高商品档次，刺激消费欲望，这是其与纯展示空间之间的本质区别。不过，在引导流线、拉长展示面方面，商场与展示空间有着异曲同工之处。

就目前商场营销模式而言，通常空间的主要流线和场地划分是由商场管理方承担规划，内容涉及流线走向、走道宽度、区域面积、场地形式等，基本原则是尽可能让所有的店面都与主流线有直接而明确的连接关系。一般而言，在此基础上进行招商，为实现空间整体氛围协调统一，商场管理方还会对每个入驻的商户提出店面装饰具体规范要求，最终将每间店面场地布局、壁面装饰、柜面摆放等落实到位的则是每一具体场地的商户自身。一方面很多连锁型的品牌在装饰方式上都形成了自己相对统一的形式和风格；另一方面，不同的商品需要不同的展示形式，它们对展台、展架包括灯光的要求都是不一样的，设计的关键还是如何更好地衬托出商品本身的特征。

在本案例中，所有公共空间，包括走道、中庭、扶梯等的装饰都采用了一种“中性”设计方式，米黄色、白色、蛋青色基本上都属于百搭色，而玻璃、不锈钢、釉面砖等材质和其他材料之间的搭配度也很高，因此，具备了使公共空间与其他特色店面兼容并蓄的条件。另外，该案例还反映出箱包、鞋、首饰、女装、化妆品、男装等不同商品展示的不同形式和要求，箱包和鞋都是小件商品，需要台面摆放，结合灯光形成小范围的展示重点；首饰对灯光的要求颇高，灯光在首饰上形成的闪亮光泽正是首饰的魅力来源；化妆品柜台不仅要设置试妆区，大面积广告灯箱也是必不可少的；服装是商场的主要经营项目之一，吊架展示是当前服装的一种主要展示形式，模特展示则是一种补充和吸引顾客的有效方式，可以最直观地反映店面自身品牌特色。

（二）案例二

该案例为一单层面积约2000平方米的一层商业空间，主要经营内容为化妆品、箱包、手表、首饰等。作为商场的一层空间，不仅要解决本层的人流流通和疏散问题，同时还应兼顾其他楼层的人流疏散等，因此，通道要适当偏宽。该案例以“风”为主题，通过“海洋风”的线索戏剧性地对各空间进行一系列串联，如将空间门厅处“海之巢”的雕塑作为一个空间序列的前奏，表现出一种平和、孕育的环境氛围；空中飘带式的造型结合高档首饰展示，反映了一种风和日丽、微风徐徐的海边温和气息，而通过LED灯光设置形成的光色变化十分丰富的箱包展示区则体现出一种梦幻而又神秘的海底趣景。另外，过道上的化妆品展示如同一个个小气泡在浮游，由鹦鹉螺的造型联想而成的半围合空间是女性化妆品专卖区，洋溢着一种温柔的氛围，而男士化妆品专卖区采用抽象的“飓风”形式，显示出一种彪悍的力量感。最后以一些原生状态的岩石营造了一个海岛山洞式的首饰专卖区，嶙峋的石缝中散落着各种首饰，仿佛进入了一处海盗的藏宝之地，粗糙的材质与光洁鲜亮的首饰形成对比，起到良好烘托作用。

对于一个场地面积偏小，但思维拓展余地较大的空间设计而言，这种具有一定故事情节的空间处理方式，妙趣横生，在统一中富于变化，在感性中折射理性，是一种非常有效的概念化设计形式。

第五节　酒店、旅馆空间设计

一、酒店、旅馆空间设计的发展

现代旅馆设计发展趋势。

1. 与城市发展相结合

现代旅馆设计过程中要将建筑设计和城市发展有效地结合起来，与城市未来发展相联系。建筑不是独立存在的，而是与城市和谐发展相对应，因此，在旅馆设计过程中一定要对建筑整体进行综合性考虑，与功能综合体相联系，集吃、住、购物、休闲、娱乐、社交等于一身，同时可以作为接待、办会、展览、商务活动等场所，与城市发展共存，促使建筑与城市协调融合。

2. 体现智能设计

随着现代科学技术水平的不断发展，旅馆建筑设计一定要突出智能化特征。在经济与技术快速进步的时代，建筑设计已逐步向智能化演变，已经有越来越多的智能技术融入其中，在很大程度上促进了建筑设计向智能化方向的演进，带来较大的经济效益，也使建筑功能更加丰富化。还做到与数字化技术融合，使设计质量及水准得到全方位提升。具代表性的数字化技术是 SOHO 技术，此技术很好地融入高科技网络技术，能够提供舒适的旅馆环境。在高科技技术协助下完成分工细化，满足不同顾客群。

3. 体现人文精神

建筑最终目的是为人所用，要坚持人文精神原则。将人文精神融入旅馆建筑设计中，促使建筑设计呈现出不同理念。设计中要将环保观念很好地融入其中，环保观念也体现人文精神与关怀。在旅馆建筑设计中，要考虑并做好建筑生态设计，如太阳光、雨水、环保材料等的使用与合理安排设计，最大限度地避免对自然环境的影响，打造出优美环境、周到服务、完善设施和鲜明特色的旅馆。

二、酒店、旅馆空间设计的基本划分

一般旅馆由以下几部分组成：

1. 公共部分：大堂、会议室、多功能厅、商场、餐厅、舞厅、美容院、健身房等。
2. 客房部分：各种标准客房，属下榻宾馆的旅客私用空间。

3. 管理部分：经理室，财务、人事、后勤管理人员的办公室和相关用房。

4. 附属部分：提供后勤保障的各种用房和设施，如车库、洗衣房、配电房、工作人员宿舍和食堂等。

三、酒店、旅馆空间设计要求

1. 大堂

不同的酒店、旅馆设计体现其功能配置和接待服务，为旅客带来休闲、交往、办公甚至购物的多重体验。大堂区区域功能配置通常情况下可分为以下基本区域，即入口门厅区，第一时间接待、引导旅客；总服务台区，为酒店大堂核心区域，包括总服务台（前台）、礼宾台、贵重物品保险箱室、行李房、前台办公大堂经理台（客户关系经理台）。总服务台（前台）是旅客最重要的活动区域，向旅客提供咨询、入住登记、离店结算、兑换外币、传达信息、贵重物品保存等服务。礼宾台属前台辅助设施。贵重物品保险箱室与行李房为旅客提供物品存放的服务。大堂经理台和客户关系经理台两者略有差别，大堂经理台主要统筹管理大堂中日常事务与服务人员，保证酒店高效运营；客户关系经理台主要用于处理宾客关系。休闲区通常为旅客提供休闲享受、商务洽谈的半私密空间。精品店作为酒店大堂的特色空间之一，往往经营的是一些纪念性商品。辅助设施区为商务旅客提供办公、通信等各项服务。

2. 休息处

此场所是供旅客进店、结账、接待、休息之用，常选择方便登记、不受干扰、有良好环境之处，可供客人临时休息和临时会客使用。为与大厅的交通部分分开，可用隔断、栏杆、绿化等设施进行装饰。休息处的沙发组按宾馆规模而定数量。大部分休息处位于大堂的一角或者靠墙。

3. 商务中心

作为大堂中一个独立业务区域，商务中心常用玻璃隔断与公共活动部分相隔离。酒店商务中心是为满足顾客需要，为客人提供打字、复印、翻译、查收邮件及收发文件核对、抄写、会议记录及代办邮件、打印名片等服务的综合性服务部门，可按办公空间设计。配备齐全的设施设备和高素质服务人员为客人提供高效率办公服务，是酒店提高对客服务质量的基本保证。

4. 商店

酒店、旅馆的商店出售日用品、鲜花、食品、书刊和各种纪念品等。由于规模、功能与性质不同，位置也不同。小型的商店可以占用大堂一角，用柜台围合出一个区域，内部再设商品柜架。中型商店可以在大堂之内，也可通过走廊、过厅与大堂相连。大型商店实际上就是商场，它不属于大堂，其内往往有多家小店。

5. 客房设计

（1）客房种类

①单人间。

②双床间。

③双人间。

④套间客房。

⑤总统套房。

（2）客房的分区、功能和应用设计

客房分睡眠区、休闲区、工作区等。睡眠区常位于光线较差区域，休闲区常靠近侧窗。有些宾馆可设 3 床或 4 床的单间客房，为使用方便，其卫生间内最好设两个洗脸盆，浴厕分开。

客房的装修应简洁，避免过分杂乱。地面可用地毯、木地板或瓷砖，色彩要素雅。墙面可用乳胶漆或壁纸饰面。

第三章　室内设计的基本方法

第一节　室内设计的方案沟通

一、明确设计内容和计划

在室内设计项目初始阶段，要先收集项目资料，可分为两个方面：第一个方面是业主的主观意向。通常，在这一环节我们可以设置一些表格类文件，有针对性地与业主进行语言交流或采用文字记录的方式收集业主意向的第一手资料。这些资料可能是零散的，需要我们以专业的方式对其进行整理，然后让业主确认。当然，一些有专业背景的业主方可能会直接向设计人员提供详细的项目要求（如设计任务书、设计招标书等）。第二个方面是场地的客观现状。原建筑设计的各类相关图纸和后期施工变更说明是最权威的资料来源。除此之外，我们还可以通过图表、文字图示、实地测绘、摄影、摄像等方式获取更为直观的场地信息，尤其是通过摄影、摄像等手段可以真实地记录空间现状、周围环境等情况。对于一些公共项目，我们还必须充分了解后期空间使用者的需求，这一点可以通过面对面访谈、问卷调查等方式获得相关资料。

明确了室内设计的具体内容和详细信息后，就要制订一个设计计划。设计计划的核心是信息的收集、分析、综合和转换，以理性分析为主。设计的关键是各类型空间功能与形式的创造，以感性的创造发挥为主要特征。

（一）设计计划的基本要素

设计计划的基本内容包括设计计划的基本要素、要素整合的过程以及最终形成的设计计划文件。其中，设计计划的基本要素包括以下内容。

1. 机构要素

这里的“机构要素”特指在具体的室内空间中活动的机构对空间的针对性要求，包括机构目标和机构功能。机构目标指机构所要达到的主要目的；机构功能包括机构中各部门的关系、人员工作的性质和特点以及工作流程等，机构功能往往取决于机构目标。

2. 环境系统要素

环境系统要素包括场地环境和各种设备系统对空间造成的影响。在设计计划文件过程中，实际探讨并提出的往往是一些十分具体的要素，这些要素包含了设计本身各要素及相关的影响因素，它们对设计过程有着不同的影响。对这些要素的深入分析，将为设计提供依据，并有利于设计师全面、合理地考虑问题。

3. 内部使用要素

人之行为活动的要求往往取决于特定的机构性质，如学校和图书馆无疑具有不同的活动要求。

4. 外部制约要素

外部制约要素大致可分为两类：一类是不可改变的“刚性”要素，如基地现状条件、各种设计标准和规范等；另一类为“弹性”要素，存在着一定的变通可能，如社会因素、经济因素等。

（二）室内设计计划文件

设计计划目标的提出是分析各种设计要素、综合内部需求及外部制约条件的结果。设计计划成果应包括需求和制约两大部分，需求即所应解决的问题，制约即为解决问题的可行性。但仅此还不够，除解决问题以外，还应满足业主方或委托人对未来的构想，包括功能要求、空间划分、风格定位、管理流程等各个方面。

一般室内设计计划文件包括以下内容：

1. 工程背景。
2. 功能关系表。
3. 设计目标及要求。
4. 设计构想。
5. 主要经济技术指标。
6. 计划标准的说明。
7. 对某些特殊要求的说明。

通常，设计计划表达主要分几个阶段来进行，包括收集资料阶段、分析资料阶段和设计目标提出阶段。这三个阶段由于侧重点不同，表达方式也有所不同。收集资料阶段主要以语言文字、图像、图示表达为主；分析资料阶段则以文字、图示、计算机分析为主；而设计目标提出阶段则主要以文字、表格为主。

二、分析资料的方法和手段

（一）分析资料的方式方法

获取了第一手详尽的设计资料并提出设计计划目标之后，我们要对各种资料展开分析。此阶段常用的分析方法主要有图示、计算机辅助、文字表格等。

1. 图示

图形语言是设计表达中最常用的方式，在分析资料阶段，徒手草图和抽象框图都是很好的分析手段。

（1）草图分析

草图分析包括现状分析草图和资料分析草图。现状分析草图忠实地记录、描绘设计现场的实际情况；资料分析草图配合设计现状的调查分析，组织收集相关的图片、文字、背景等资料，尽可能找出与设计主体有关的各种设计趋向。

（2）抽象框图

分析设计资料需要研究事物的背景、关系及其相关因素等。为了便于入手，我们要建立一种有内在关系的网络图，把潜意识的思维转化为现实的图示语言，以一种宽松的、开放的“笔记”方法来表达它们的关系，这种关系网络图就称为抽象框图。

2. 计算机辅助

运用计算机可以模拟三维的场地原貌，提供给设计师准确而形象的信息。同时，借助计算机可以与其他信息网络连接，从而使计划阶段资料的收集更广泛、更深入，也可以减少不必要的重复性劳动，大大加快准备阶段的进程。

3. 文字表格

在分析设计资料的过程中，设计师通过深入思考，往往会用关键性的文字来描述方案的特殊性，之后再将这些关键性文字叙述转换为图示语言，这种具有重要作用的文字表达是构思时的一种有效方式。文字表格可作为设计师按照自己独立的工作方式进行下一步设计的依据。

（二）分析资料注意事项

对设计资料的深入分析是设计人员进一步对空间进行方案构思的基础，直接决定了后期方案成型的状况，并最终影响到空间设计完成后的实际效果和使用情况。因此在对设计资料进行分析时须特别强调真实性、突出侧重点和注重概念性。

1. 强调真实性

大多数设计任务都涉及众多复杂的背景资料及相关因素，从这些资料信息中提取核心部分将成为寻找矛盾、确立设计切入点的关键。这就要求收集的资料具有足够的准确性和真实性，设计的依据必须通过设计计划来加以科学论证，不能仅凭设计师个人的经验或想象，而应建立在客观现实的基础上。

2. 突出侧重点

选择是对纷繁客观事物的提炼优化，合理的选择是科学决策的基础，选择的失误往往导致失败的结果。选择是通过不同客观事物优劣的对比实现的，要先构成多种形式和各种可能的方案，然后才有可能进行严格的选择，在此基础上，以筛选的方法找出最有可能成功的一种方案。

3. 注重概念性

概念是反映对象特有属性的思维形式，由人们通过实践，从对象的许多属性中提炼出其特有属性概括而成。概念的形成标志着人的认识已从感性认识上升到理性认识。

三、设计方案的构思和沟通

在方案的构思阶段，设计思维是表达的源泉，而设计表达是设计思维得以显现的通道。在设计过程中，设计思维的每一阶段都必须借助一定的表达方式呈现出来，通过记忆、思考、分析，使思维有序地发展。在这个过程中，思路由不清晰到清晰，构思由不成熟到成熟，直至设计方案的完成。

（一）设计表达的思维方式

表达方式可以使设计思维更加具象，成为设计师与其所表达的思维之间的桥梁。从这个角度来说，表达不是简单地从思想到形式的转换，而应该是如设计思维影响表达一样，成为影响设计思维的一种方式。具体来说，表达不仅仅是思维过程中阶段性结果的表现，还会有效地激发创作思维，使设计师的思维始终处于活跃和开放的状态，并使设计思维向更深入、更完善的境地发展，使设计师走出自我，从一个新的较为客观的角度冷静地审视自己的设计，发现设计的优势和不足。

1. 启发

设计思考过程中，有时我们会遇到瓶颈状态，陷于自己想要的空间效果和实际条件限制之间的矛盾中，有时也会失去灵感，处于一种无法将方案顺利推进的困境下。这时适当的口头表达将有利于整理头绪、启发思维，令人茅塞顿开。

2. 发现

设计表达是一种记录思维过程的方式，在室内设计的方案构思阶段，我们不一定会对每个角落都考虑得十分全面，通过这些被记录下来的思维片段，在反复思考的过程中就比较容易发现之前构思的漏洞，及时完善设计方案。

3. 检验

室内设计具有空间性和时间性的特征，一方面是三维空间的整体性；另一方面是人在各个空间中穿行的流动性。这使我们对局部空间的构思有时会在空间的整体关系上失衡，而设计表达可以帮助我们将思维的过程连贯起来，以检验这种空间整体的和谐度。

4. 激励

设计表达有利于量化我们的思维成果，进一步激励设计创作的热情。

（二）设计表达的形式

在室内设计的方案构思阶段，我们往往需要与业主进行反复的沟通交流，以确保大家的意见基本保持一致。对于形式感很强的空间设计而言，唯有图形语言是最易于表达设计人员对空间构想的手段，也是业主方最便于理解设计人员想法的方式，因此该阶段的设计表达就是设计人员与业主进行沟通的一座桥梁，为后期设计向大家都认可的方向发展奠定了重要的基础。这一过程的表达方式主要为徒手草图、电脑效果图等比较直观并易于操作的图形文件。

另外，有些规模庞大的室内设计项目在有限的时间内并非个人可以单独完成的，而是需要一个团队的共同合作，然而作为一个完整的空间，又必须时刻保持空间的整体协调性。这就需要设计人员在方案构思的不同阶段相互交流，而设计表达是促进这种交流的主要手段，只有在前期构思阶段就对空间的基本定位、形式元素、后期效果等方面进行统一协调，才能确保最终空间的完整性。

在室内设计的方案构思阶段，我们可以按思维发展过程将其分为概念性思维、阶段性思维和确定性思维三个阶段。而徒手草图是这个过程中应用最多的设计表达形式，根据方案构思中思维发展的过程，用于记录各个不同阶段思维的徒手草图可分为概念性徒手草图、阶段性徒手草图和确定性设计徒手草图。

1. 概念性徒手草图

概念性徒手草图是指在设计计划阶段，在资料分析的基础上，对设计者头脑中孕育的无数个方案发展方向的灵感进行涂鸦。

2. 阶段性徒手草图

该阶段必须综合设计分析阶段的诸多限定因素，对概念性草图所明确的设计切入点进行深入探究，对关乎设计结果的功能、结构、形式、风格、色彩、材料和经济效益等问题给出具体的解决方案。这是对设计师专业素质、艺术修养、设计能力的全面考验，所有的设计成果将在这一阶段初步呈现。

3. 确定性设计徒手草图

确定性设计徒手草图是对阶段性草图的进一步优选，此时设计构思已基本成熟，其调节性不强。此草图基本上是按最终的设计结果给出相应的比例关系、结构关系、色彩关系、材料选用等要素，通过一系列的透视、平面、立体、剖面和节点以草图的形式将设计意图表达出来。

（三）设计表达的构思特征

一个完善的室内设计方案，必然有一个良好的思维构思过程，而设计表达对思维的记录和激发则是其中一项重要的内容。经过周密构思形成的设计往往具备统一性、个性与风格、生动性与创造性、方向与重点等特征。

1. 统一性

熟练的表达可以反映设计师的成熟，许多高质量的设计表达都具有其内在的一致性。

2. 个性与风格

设计师的选择往往是其自身感受和素养的反映。

3. 生动性与创造性

通过设计者的表达能表现其构思的深入程度。

4. 方向与重点

如果是集体创作，那么创作小组成员为了一个共同任务就需要确定工作方向，了解工作重点。

第二节　室内设计的形象类图纸表达

一、设计手绘图表达

设计手绘图是设计成果表达形式中最基本，也是应用最广泛的方式之一。它通过对室内空间比较明确而又直观的绘制，使人们对方案有一个全面的认识。它要求设计者具有一定的美术功底，能运用各种绘图工具，熟练掌握各项绘图技巧，对设计成果进行细致深入的描述和诠释。设计手绘图按图纸绘制的深入程度可分为徒手草图和手绘表现图，按表达工具可分为铅笔画（含彩笔画）、钢笔画、马克笔画、水彩画、水粉画和喷笔画等。

徒手草图是指设计师在创造设计意念的驱动下，将对各种复杂的设计矛盾展开的思绪转化为相关的设计语言，并用笔在纸上生动地表现出来的一种表达方式。徒手草图在很大程度上体现了设计师对空间设计的理解，并通过对设计风格、空间关系、尺度、细部、质地等的设想，展现设计师在理性与感性、已知与未知、抽象与具体之间的探究。构思阶段的设计草图对设计人员来说，往往是设计各阶段中最酣畅淋漓的工作，充满了创作的快感。

手绘表现图强调精确，它是将设计的最终成果形象地表达出来的一种形式，真实性、科学性和艺术性是其基本原则。对于非专业人员而言，这类图纸非常便于他们理解和感受后期的空间效果的，这也是手绘表现图的意义所在。根据客观条件和个人习惯，设计师可以选择各种合适的表现技法。

（一）铅笔画技法

用铅笔绘制室内设计表现图的优点是形象和细部刻画较为准确，明暗对比强烈，虚实容易控制，绘制简捷。缺点是难以表现装饰材料及环境的质感。

作画时，要根据空间性质和个人特点灵活运用笔法，以取得最为合适和生动的表现效果。常用的手法有利用排线组成不同层次的色块来表现空间形体；利用大块黑白对比来区分形体和空间转折，使画面明暗对比强烈，具有节奏感；利用单方向线条的变化，增强画面的形式感；以较为统一的线条表现众多复杂的形体，以展现一个较为完整的图面；单线勾勒外形，以线的粗细和深浅来区别空间；用线面结合的方法表现主体空间，处理不对称的外形，再以配景进行点缀，取得生动活泼的画面效果。

彩色铅笔的使用可以弥补铅笔素描无法表现色彩关系的缺点，其基本技法与普通铅笔相仿。如果用水溶性彩铅，那么用水涂色后可取得温润感，也可用手指或纸擦笔抹出柔和的效果。

（二）钢笔画技法

钢笔、针管笔都是画线的理想工具，利用各种笔尖的形状特点，可以达到类似中国传统白描的效果。与铅笔素描细腻的明暗调子不同，钢笔运用线条的疏密组合排列来表现明暗。在线条的排列过程中，线条的方向不同、组合形式不同会产生各种不同的纹理效果，给人不同的视觉感受。为了增加艺术性，有时可以选择一些彩纸作画。钢笔画是由单色线条构成的，其画面具有一定的装饰性。

钢笔淡彩是线条与色彩的结合，其特点是简洁明快，但表现得不是很深入，也无法过多地追求和表现图的色彩变化。

（三）马克笔技法

马克笔以其色彩丰富、使用简便、风格豪放和成图迅速的特点而受到欢迎。马克笔与彩铅都以层层叠加的方式着色，但马克笔大多先浅后深，逐步达到所需效果。由于受到笔宽的限制，马克笔一般画幅不大，通常用于快速表现，着色时无须将画面铺满，可以有重点地进行局部上色，使画面显得轻快、生动。马克笔在排列组合着色的过程中，其笔触本身会产生一种秩序感和韵律美，若巧妙利用，可使画面具有节奏感。

马克笔的主要特点是色彩鲜艳，一笔一色，种类多达百余种，色谱齐全、着色简便，作图时无须调色，并具有不变色、快干的优点。马克笔在运笔时可发挥其笔头的形状特征，形成独特豪放的风格。作图时可根据不同场景、物体形态和质地、设计意图、表现气氛等选择不同的用笔方式。

（四）水彩画技法

水彩渲染的特点是富于变化、笔触细腻、通透感强。利用颜色的变化、色彩颗粒的沉淀、水分流动形成的水渍、颜色之间的互相渗透、干湿笔触的衔接等方式，可形成简洁、生动、明快的艺术效果。水彩几乎可以表现所有题材，无论是建筑环境的体积感、材质质感、光影和色彩关系以及结构的细节刻画，还是山间别墅无拘无束的自然美感，水彩都能较为准确地将其表现出来。但是，它要求底稿图形准确清晰，因为勾勒的铅笔稿对着色起着决定性的作用。水彩画的基本技法有平涂法、退晕法和叠加法等。作画时必须注意以下几点。

1. 画面明度的提高主要靠水，表现明度越高的物体加水越多。
2. 表现过程通常是从明部画至暗部，这样便于色彩的叠加。
3. 干画时，覆盖遍数不宜过多，以保持颜色的透明度。
4. 干画时，笔上的颜色要薄，用笔要干脆利落。
5. 无论干画还是湿画，都切忌在颜色未干时叠加，否则会产生斑痕。
6. 充分了解水彩纸和水彩色的特性，有助于画出想要的色彩效果。
7. 调色时，颜色要适当混合，不要调色过匀，否则容易使色彩过于单调。
8. 对比色不宜多次叠加覆盖，否则会使画面过于灰暗。

（五）水粉画技法

水粉画是用水调和含胶的粉质颜料来表现色彩的一种方法，具有色彩鲜明、艳丽、饱满、浑厚、作图便捷和表现充分等优点，适合表现不同材料的丰富质感，是应用最为广泛的一种方式。水粉颜料纯度高、遮盖力强、便于修改、使用面广、简便易用。水粉通常可分为干、湿两种画法，并且在实践中这两种画法可综合使用。绘制水粉画时必须注意以下几点：

1. 水粉画的明度变化主要依靠色相的改变和加入白色量的多少。
2. 水粉一般从中间色画起，最亮和最暗的颜色总在最后完成。
3. 颜色虽可以覆盖，但不宜多次覆盖，如要大面积修改，可先用笔蘸上水洗去颜料。
4. 不宜过多使用干画法，用色也不宜太厚，防止图纸摩擦或卷曲引起色块脱落。
5. 水粉画一般湿时颜色艳而深，干时淡而灰。
6. 水粉画可以和其他多种表现技法结合运用，以达到灵活多变的图面效果。

（六）喷绘技法

喷绘技法以其画面刻画细腻、明暗过渡柔和、色彩变化微妙、表现效果逼真而深受业内人士的青睐。其尤其擅长表现大面积色彩的均匀变化，曲面、球面明暗的自然过渡，光滑的地面及物体在其上的倒影，玻璃、金属、皮革的质感，对灯和光线的模仿也非常逼真。但是，过分使用喷绘，画面中的形体就会显得不厚重，重量感差，对画面中的人物、植物、装饰品等较小物体的表现更是不尽如人意。所以，使用喷绘应根据物体及画面的效果需要合理运用，只有与其他表现技法完美结合，才能充分展示喷绘的艺术魅力。

因个人的作画习惯和画面内容的不同，室内表现图的绘制步骤和方法也不尽相同。但营造恰当的空间气氛，表现不同材料的质感、色彩是我们必须遵循的共同原则。

二、计算机辅助表达

在高新技术发展日新月异的时代，以计算机为核心的信息产业无疑是具有代表性的行业之一。当今，计算机辅助设计已被广泛应用于室内设计领域。计算机能提供成千上万种颜色，其色彩容量远远超出了人类所能配置的色彩种类，它在阴影、透视、环境展示、模型建构等方面的表现更为突出。计算机可以很方便地提供许多异形空间的准确数据，为室内空间的造型设计开辟了一个全新的领域，使空间设计不再局限于各种圆形、方形等基本几何体的拼合。计算机还可以根据需要随时修改图纸，图纸可以进行大量复制。

若要利用计算机描绘出比较理想的室内设计表现图，就必须熟练掌握并运用计算机及相关软件的功能，同时要具备一定的绘画基础，包括对色彩组织运用的能力和取景构图的能力。当然，提高自身的修养也是至关重要的，没有广博的知识、绘画的技能和一定的艺术鉴赏力，是不可能发挥计算机的优势而制作出理想的作品的。

利用计算机绘制室内设计表现图通常需要多种不同软件的配合，其基本软件可分为建立模型的软件和进行渲染、图片处理的软件两大类。现在室内设计领域最常用的软件有绘图软件 AutoCAD，模型软件 3D Studio MAX，光照渲染软件 Lightscape 和图片处理软件 CorelDRAW、Photoshop 等。当然，这些软件的功能十分强大，不仅仅适用于室内设计表现图的绘制。

（一）AutoCAD

在室内设计行业中，AutoCAD 是绘制线图最常用的软件。在平面绘图方面，AutoCAD 能以多种方式创建直线、圆、椭圆、多边形、样条曲线等基本图形对象，并提供了正交、对象捕捉、极轴追踪、捕捉追踪等绘图辅助工具。利用正交功能，用户可以很方便地绘制水平、竖直直线。对象捕捉可帮助用户拾取几何对象上的特殊点，而追踪功能使绘制斜线及沿不同方向定位点变得更加容易。在编辑图形方面，AutoCAD 具有强大的编辑功能，可以移动、复制、旋转、阵列、拉伸、延长、修剪、缩放对象等。在标注尺寸方面，AutoCAD 能创建多种类型尺寸，标注外观可自行设定。在书写文字方面，其能轻易在图形的任何位置、任何方向书写文字，设定文字字体、倾斜角度及宽度缩放比例等属性。在图层管理方面，当图形对象都位于某一图层时，其可设定图层颜色、线型、线宽等特性。在三维绘图方面，其可创建 3D 实体及表面模型，并对实体本身进行编辑。在网络功能方面，其可将图形在网络上发布，或是通过网络访问 AutoCAD 资源。在数据交换方面，其可提供多种图形图像数据交换格式及相应命令。更为重要的是，AutoCAD 允许用户定制菜单和工具栏，并能利用内嵌语言 AutoLISP、Visual LISP、VBA、ADS、ARX 等进行二次开发。

（二）3D Studio MAX

3D Studio MAX 是近年来出现在 PC 机平台上十分优秀的三维动画软件，它不仅是影视广告设计领域强有力的表现工具，也是建筑设计、产品造型设计以及室内环境设计领域的最佳选择。通过相机和真实场景的匹配、场景中任意对象的修改、高质量的渲染工具和特殊效果的组合，3D Studio MAX 可以将设计与创意转化为令人惊叹的结果。3D Studio MAX 包含了模型的建立、绘制和渲染以及动画制作三大部分功能。

不同行业对 3D Studio MAX 有着不同的使用要求：建筑及室内设计行业对 3D Studio MAX 的使用要求较低，主要使用单帧的渲染效果和环境效果，涉及的动画也比较简单；动画和视频游戏行业主要使用 3D Studio MAX 的动画功能，特别是视频游戏对角色动画的要求更高一些；而影视行业要进行大量的特效制作，其把 3D Studio MAX 的功能发挥到了极致。

利用 3D Studio MAX 绘制室内设计表现图的基本操作流程为：建立基本模型—对已建立的模型进行编修—对形体的材质进行指定—在场景中设定摄像机—在场景中加入光源—将连续的场景形成动画。

（三）Photoshop

Photoshop 是由美国 Adobe 公司开发的一款功能强大的图像处理工具，备受国内外广大图像处理人员的青睐，在平面设计和图像处理领域占据霸主地位。Photoshop 功能强大，使用方便，是一柄可以让图像处理人员充分发挥其艺术创造力的利器。如果再结合滤镜插件和第三方软件，就可以十分轻松地创作出一些惊人的特殊效果。

从功能上看，Photoshop 包括图像编辑、图像合成、校色调色及特效制作几大功能。图像编辑是图像处理的基础，可以对图像做各种变换，如放大、缩小、旋转、倾斜、镜像、透视等，也可进行复制、去除斑点、修补、修饰图像的残损等；图像合成则是将几幅图像通过图层操作、工具应用合成完整的传达明确意义的图像，这是平面美术设计的必经之路，Photoshop 提供的绘图工具能让外来图像与创意很好地融合，使合成的图像天衣无缝；校色调色是 Photoshop 中最具威力的功能之一，可方便快捷地对图像的颜色进行明暗调整和偏色校正，也可在不同颜色模式间进行切换以满足图像在不同领域，如网页设计、印刷、多媒体等领域的应用；特效制作在 Photoshop 中主要通过综合应用滤镜、通道等工具完成，包括图像的特效创意和特效字的制作，如油画、浮雕、石膏画、素描等常用的传统美术技巧，可制作各种特效字更是很多美术设计师热衷于研究和应用 Photoshop 的重要原因。

三、三维模型表达

模型是一种将构思形象化的有效手段，它是三维的、可度量的实体，因而与图纸相比，在帮助建筑师想象和控制空间方面有着十分突出的优势，还可以引发建筑师更多的创造力。由于模型自身具备直观性、可视性和空间审美价值，因此能使人们了解到客观对象的真实比例关系与空间组合，能够产生“以小观大”的效果。这样设计师便可通过对模型的研究和制作深化发展构思。

在环境艺术设计中，一般将模型分成景观模型和室内模型两种类型。其中，景观模型主要有场地模型、体块模型、景观模型、花园模型等；室内模型则包括空间模型、构造模型、细部模型、家具模型等。

另外，按模型在构思阶段所起的不同作用，人们又将其分为概念模型和研究模型两类。

概念模型特指当设计想法还比较朦胧时所形成的三维的表现形式，它是在工程项目的初期建造阶段，用来研究诸如物质性、场地关系和解释设计主题性等抽象特性的研究方式。每一个概念模型都至少蕴含着一种发展的可能性，预示着一个发展的方向。一般来说，每个设计师在一段时期内所能产生的概念模型，其数量和质量都是难以预料的。

研究模型是为了研究具体问题而特别制作的整体或局部的模型，它将三维空间中的构思加以概括，具有朴实无华的特点。研究模型通常被快速完成，建筑材料在其中被象征性地表现出来。制作研究模型的目的是比较形状、尺度、方向、色彩和肌理等，该模型具有能被快速修改的特点。

如果说概念模型阶段主要是对设计人员整体意念和初步空间构思进行的表达，那么研究模型阶段便是在此基础上，将侧重点放在对构思所应解决的诸多问题的表达上。

（一）景观模型

1. 场地模型

场地模型通常是在设计开始前制成的，为建筑规划展示严格的尺寸及地形地貌环境，包括所有对建筑设计有影响的场地特点，如现存建筑、周围路网和绿化等。作用是协调三维空间上形体之间的关系。

2. 体块模型

体块模型是场地建筑整个形体组合的研究模型，采用有限的色彩和概括的手法刻画出建造物的外部形体，既要体现设计主体与周围空间位置的直接关系，又要注意与环境的融合关系。体块模型通常采用单一的色彩和材料制成，没有表面的细部处理，只抽象出纯粹的形象，用以研究与周围环境的相互关系以及人们在其中的活动范围。

3. 景观点模型

景观模型是在场地模型的基础上，按照一定的比例，将交通、绿化、树木以及建筑等以简单的形式呈现出来。景观模型的重点是阐明景观空间和与此相关的地表模型，还有对其特点的描述。相关的表现还有游戏草地、运动广场、露营帐篷、游泳池、水上运动设施和小花园等。

（二）室内模型

1. 空间模型

空间模型通常用来呈现各自的内部空间或众多空间的秩序。室内空间模型承担着阐明所塑造空间的形态、功能和光线技术问题的任务，通常以一些简单的面层材料拼装而成，用来表示一些单独的或成序列的内部空间，也可快捷地搭成一个立面，形式就像一种平面的三维草图。

2. 构造模型

构造模型是三维的实体结构图，表现为自然的骨架，没有外表的装饰。结构模型主要用来表明结构、支撑系统和装配形式，以达到试验的目的。结构模型可制成各种比例，代表的是最基本的构思，只用以研究单独的问题，而深入的模型则用以决定结构的选型。

3. 细部模型

细部模型可以重现空间上特别复杂的点，可展现详细的细节设计。通过这些细部可以使构造更加自然，也可进一步完善装饰。

4. 家具模型

在室内设计中，有时会采用家具模型来表达设计空间的体量感、尺度感等。在构思阶段，家具模型可以仅仅是一个体量或位置的标记，在深化阶段可以涉及具体的细节和形式问题。

与图示表达相比，三维模型的表现在视觉效果上具有更强的直观性。但是，构思阶段的三维模型作为设计师思考的工具，依然有着不确定性和不完整性，设计中遇到的问题可以随时在构思模型中得到诠释和验证，并及时进行修改。这种不确定性与不完整性正是设计师设计思维推进的原动力。对最终用于展示的三维模型而言，其拥有与其他表达方式完全不同的优势和特点。

四、其他综合性表达方式

综合表达就是在设计过程中，为了更好地表现设计思维而使用各种相对独立的表达方式。在构思过程中，各种表达方式的综合使用是非常频繁的，尤其是在计算机辅助设计技术广泛应用于设计领域之后。为了进一步将思维形象化，计算机技术、徒手草图、模型等表现手段便不再各行其是，而是互为补充，综合协调地进行表达，以更好地推进设计思维的进一步发展以及最终成果的多方位展示。

综合表达是一种为适应不断提高的设计表达需求而产生的表达方式，即在同一个设计中应用多种表达方式，发挥各自优势，多方面全方位地对设计进行表述，这样做的结果是大大提高了交流的质量，使设计表达的效果更加理想化。现在，自由地混合使用多种表达方式，将它们作为媒介手段来辅助、推进设计已经成了一种常态。

另外，除了以上所描述的几种表达方式外，还有一些表达方式时常会根据需要被采用，如摄影技术、DV 技术、多媒体技术等。通常，多媒体技术可分为两大类，即三维动画和多媒体幻灯片。它们都是以电脑为传播媒介的动态表达方式，但是它们的创作方法、表达内容却有着很大区别，使用范围也有所不同。与此同时，这些方式在设计表达中也越来越显现出一种普遍性和代表性。

此外，各种表达方式在独立表现或综合表现时，特别是在设计构思阶段和设计成果展示阶段都会表现出不同的特征。

（一）设计构思阶段

1. 开放性

在设计构思阶段，表达的开放性特点是显而易见的，这种开放性不仅仅指表达方式，也包含思维的开放性。在整个设计过程中，构思阶段的设计思维是最活跃的，在该阶段开放形式的表达方式具有很强的生命力，这是由于设计构思是一个不断发现问题和不断解决问题的过程，在解决矛盾的同时思维也在逐渐地成长。这意味着设计构思的表达具有不确定性，即随时可以进行更正和修改。

2. 启发性

构思阶段的思维特点决定了各种表达方式的特点。思维在构思阶段一直处于活跃的状态。设计阶段是设计不断成熟和完善的过程，各种因素都是可变的、不确定的，如设计师的徒手草图，它的模糊性和不确定性使每一位观赏者对其都有着自己的诠释和理解。这种不确定因素对设计师的设计思维恰恰也是一种启发。

3. 创新性

设计是社会文化的重要组成部分，设计和其他文化产品一样都是通过作者的智慧创造出的具有个性的新事物。具体而言，设计就是通过作者的构思，运用设计的知识、语言、技法等手段所创造出的与众不同的新生命。

（二）设计成果展示阶段

1. 艺术性

艺术性是设计成果表达的灵魂，设计成果表达既是一种科学性较强的工程图，也可成为一件具有艺术价值的艺术品。在巧妙的设计构思的基础上，再赋予恰当的、生动的表达，其便可以完整地创造一个具有创意和意境的空间环境，使人们从其外表中感受到形的存在和设计作品中的灵气。总体来说，设计成果表达的艺术性的强弱，取决于设计者自身的艺术修养和气质。通过对不同表达方式的选择和综合应用，设计者能够充分展示自己的个性并形成自己独特的表达风格。

2. 科学性

科学性是设计成果表达的骨骼，其既是一种态度也是一种方法，是用科学的手段来表达科学性的设计。一般地说，设计成果表达要符合环境艺术的科学性和工程技术性的要求，要受到工程制图规范和许多相关法规的制约，因此必然要以科学行为为基础。为了确保设计成果表达的真实可靠，设计师须以科学的态度对待表达上的每一个环节，如透视与阴影的概念、光与色的变化规律、空间形态比例的判定、构图的均衡、绘图材料与工具的选择和使用等。因此，我们必须熟练地掌握这些知识和规范，对设计成果表达进行灵活把握，并结合丰富的想象力和创造力，使设计成果表达能更准确地传递设计师的设计理念。

3. 系统性

在环境艺术设计成果表达中，系统性是指导设计师正确表达设计意图的基本原则，具体指在满足艺术性、科学性的同时，必须准确、完整而又系统地表达出设计的构思和意图，使业主和评审人员能够通过图纸、模型、说明等设计文件，全面完整地了解设计内涵。无论项目的规模大小，其设计过程和表达文件都应该注重系统性，只有系统全面地表达设计要求的文件内容，才能更加形象地展现设计师的构思、意图和设计的最终效果。

第三节　室内设计的技术类图纸表达

一、技术性图纸表达的内容

室内设计的技术性图纸主要是指方案设计和初步设计完成后，设计师根据已确定的方案进行的具体施工图设计。技术性图纸要充分考虑建筑物的空间结构、设备管线、装饰材料供应等问题，并结合空间功能、施工技术、经济指标、艺术特征等问题，细化设计方案，确定工程各部位的尺寸、材料和做法，为施工单位提供现场施工的详细依据和指导。

在技术性图纸制作阶段，设计师要将所有的技术问题一一落实，并完善形式语言的细节，考虑设计方案表达的优化问题。它是整个设计思维过程中的最后环节，其主要表达内容为平面图、立面图、剖面图、表现图、设计说明、材料样品、计算机模拟和精细的模型以及动画演示等结果性的表达成果。室内设计的技术性图纸根据其发展过程一般分为方案设计阶段、扩初设计阶段、施工图设计阶段等。

（一）技术性图纸的发展过程

1. 方案设计

方案阶段的技术性图纸是指方案构思确定后，对其尺寸、细部及各种技术问题做最后的调整，使设计意图充分地“物化”，并以多种方式表现出来。通常，方案设计文件应以建筑室内空间环境和总平面设计图纸为主，再辅以各专业的简要设计说明和投资估算，其主要用于向业主方汇报方案。

2. 扩初设计

扩初设计是介于方案设计与施工图设计之间的承前启后的设计阶段，主要内容是对方案汇报时所发现的问题进行调整。扩初设计主要解决技术问题，如空间各个局部的具体做法，各部分确切的尺寸关系，结构、构造、材料的选择和连接，各种设备系统的设计以及各个技术工种之间的协调（如各种管道、机械的安装与建筑装修之间的结合等问题）。扩初设计是方案设计的延伸与扩展，也是施工图设计的依据和纲领。

3. 施工图设计

施工图设计阶段包括对扩初设计的修改和补充、与各专业的协调配合以及完成设计施工图绘制三部分内容。这个阶段要将扩初设计更加具体和细致化，以求其更具操作性。扩初设计完成后，要再次与建设单位共同审核，并与水电、通风空调等配合专业共同研究，对设计中有关平面布局、尺寸、标高和材料等进行调整与修改，为施工安装、编制工程预算、工程竣工后验收等工作提供完整的依据。

（二）技术性图纸的主要表达内容

室内设计的技术性图纸主要包括平面图、顶棚图、立面图、剖面图、构造详图、与其他专业相配套的图纸以及体现整体气氛的透视表现图等。

1. 平面图

平面图的表达内容包括以下几个方面：

（1）房间的平面结构形式、平面形状和长宽尺寸。

（2）门窗的位置、平面尺寸，门窗的开启方向和尺寸。

（3）室内家具、织物、摆设、绿化、景观等平面布置的具体位置。

（4）不同地坪的标高、地面的形式，如分格与图案等。

（5）表示剖面位置和剖视方向的剖面符号以及编号或立面指向符号。

（6）详图索引符号。

（7）各个房间的名称、房间面积、家具数量及指标。

（8）图名与比例以及各部分的尺寸。

2. 顶棚图

顶棚图的表达内容包括以下几个方面：

（1）被水平剖面剖切到的墙壁和柱。

（2）顶棚的各种吊顶造型和具体尺寸。

（3）顶棚上灯具的详细位置、名称及其规格。

（4）顶棚及相关装饰的材料和颜色。

（5）顶棚底面和分层吊顶底面的标高。

（6）详图索引符号、剖切符号等。

3. 立面、剖面图

立面、剖面图的表达内容包括以下几个方面：

（1）作为剖面外轮廓的墙体、楼地面、楼板和顶棚等构造形式。

（2）处于正面的柱子、墙面以及按正面投影原理能够投影到画面上的所有构件或配件（如门、窗、隔断、窗帘、壁饰、灯具、家具、设备以及陈设等）。

（3）墙面、柱面的装饰材料、造型尺寸及做法。

（4）主要竖向尺寸和标高。

（5）各部分的详细尺寸、图示符号以及附加文字说明。

4. 构造详图

构造详图包括节点图和大样图。节点图是反映某局部的施工构造切面图；大样图是指某部位的详细图样，指以更大的比例所画出的在其他图中难以表达清楚的部位。其主要表达内容包括以下几个方面：

（1）详细的饰面层构造、材料和规格。

（2）细节部位的详细尺寸。

（3）重要部位构造内的材料图例、编号、说明等。

（4）详图号及比例。

5. 设计表现图

表现图表达的是一项设计实施后的形象，它可以显示设计构思与建成后的实际效果之间的相互关系。如果平、立、剖面图被认为是设计表达中的“技术语言”，是一种定量的、精确的方案设计表达方式，那么设计表现图则可认为是设计表达中的“形象语言”，是一种定性的、形象化的意图表现形式。根据其表现的具体形式，可以分为轴测图和透视图等。轴测图可以在一张视图中描述出长、宽、高三者之间的关系，并能够保持所描绘对象的物理属性，精确地表示出三维的比例，经过适当的渲染还能给二维图像以一种生动形象的空间距离感。其最大的优势是其构图的灵活多样性以及在同一幅图中表达多种信息的能力。透视图在所有设计图纸中是最具表现力和吸引力的一种视觉表达形式。它可以使看不懂平、立面图的非专业客户通过透视图了解设计师的构思、立意以及设计完成之后的情况。根据透视图使用的灭点个数，透视图可分为一点透视图、两点透视图和三点透视图三种基本类型：

第一，一点透视图表现范围广、纵深感强，适合表现庄重严肃的室内空间，能充分显示设计对象的正面细节。缺点是画面比较呆板，与真实效果有一定距离。

第二，两点透视图是透视图中应用最广泛的一类，可以真实地表现物体和空间，形式自由活泼，表现的效果比较接近于人的真实感受。缺点是如果角度选择不好，易产生变形。

第三，三点透视图（鸟瞰图或俯视图）主要应用于高层建筑物的绘制，在室内设计中，常用于展示有多个跃层的空间，三点透视图在表现场景的完整性上具有很大优势。

二、绘制技术性图纸的基本规范

绘制室内设计的技术性图纸要把握三视图的基本原理，同时要掌握装饰装修制图规范。目前室内设计图纸的制作规范主要来源于建筑设计制图规范，是对其的一种专业细化。

（一）图纸图幅与图框图幅

图纸图幅与图框图幅指的是图纸的幅面，即图纸的尺寸大小，工程图纸中一般以 A0、A1、A2、A3、A4 代号来表示不同幅面的大小，一张标准 A0 图纸的尺寸是 118.8cm×84cm，后面图号每增加一号，图纸幅面就小一半，即 A1＝84cm×59.4cm、A2＝59.4cm×42cm、A3＝42cm×29.7cm，依此类推。对于一些特殊的图例，可以适当加长图纸的边长，加长部分的尺寸应为长边的八分之一及其倍数，称之为“A0 加长”“A1 加长”“A2 加长”等。

图框是在图幅内界定图纸内容的线框，一般每幅工程图纸都有一个图框，内容包括幅面线、装订线、图框线、会签栏、标题栏等。通常，标题栏须包括以下信息：设计公司名称、工程名称、项目名称、图纸内容、设计人、绘图人、审核人、图纸比例、出图日期、图纸编号等。

目前，工程类线图大都利用 AutoCAD 软件完成，在这种虚拟的图纸空间中，图框的大小和图形比例关系密切。在一般的纸面上绘图时，比例比较容易理解和把握，如图纸上标明比例为 1∶100，那么图上每 1cm 的长度就代表了现实中 1m 的长度，我们画图的时候只要按需要缩小 100 倍再往纸上画就可以了。但是，在 AutoCAD 中，图形大小都是按实际尺寸输入的，因此要形成正确的比例，可在模型空间里对图框进行相应的缩放，也可直接在 AutoCAD 的图纸空间中套设图框。

（二）采用线性设置

工程类技术性图纸基本上都是以线图为主，而线图的表现形式主要是线条，要在一张二维的图纸上通过平面的形式表现出三维的空间特征，线条的粗细就是关键。画图时不管画平面、顶面、立面还是大样，必须先假想一个平面将空间剖切开，然后以正面投影的方式绘制我们需要说明的部分。虽然这看起来是一张平面图，但实际上却存在着空间的叠加关系，在图纸上越粗的线条通常在空间中离我们越近。这是在画图时决定线型粗细的一个基本原则，而虚线往往代指那些在相应视角不可见但实际存在并需要说明的部分。除此之外，所有用于对图面进行说明的符号，如剖断线、尺寸标注线、说明文字引线、门开启线等，均使用线型中最细的线来表示。

在人工手绘图纸中，线型的关系比较直观明确，而在 CAD 制图中往往是先用一种颜色代表一种线型，最后在打印出图的时候再进行具体的线型粗细设定。这就要求我们首先根据个人的喜好制定一套作图的规范，然后再进行具体的图纸绘制工作，该规范对于 CAD 制图同样适用。

（三）采用图释符号

工程类技术性图纸除了是实际空间物体的三视图表现外，还有很多专门用于对图纸内容或形式进行说明的特殊符号，这些符号有利于我们明确图形与空间以及图形与图形之间的相互关系。另外，建筑、水、电、照明等其他相关专业中也有很多图例规范，这里不再赘述。对于某些图例，可在自己相应的图纸上另附说明，如顶面灯具和地面填充材质等。

（四）尺寸标注及文字注解

尺寸标注和文字注解是室内设计技术性图纸中非常重要的内容，是最直观地说明图纸中各造型大小、材质和工艺的途径。对于一本完整成套的设计图册而言，里面包含的平面图、立面图、大样图的比例必然是各不相同的，但不管这种比例关系如何变化，每张图纸上的尺寸标注和注解文字大小必须是统一的。一般而言，数字和文字高在3mm左右比较美观。

图样上的尺寸标注包括尺寸界线、尺寸线、尺寸起止符及尺寸数字。尺寸界线应用细实线绘制，一般与被注长度垂直，其一端离开图样轮廓不小于2mm，另一端超出尺寸线2~3mm；尺寸线也用细实线绘制，应与被注长度平行。尺寸起止符一般用中粗短斜线绘制，其倾斜方向与尺寸界线成45°角，长度宜为2~3mm；半径、直径、角度以及弧长的尺寸起止符号宜用箭头表示；图样上的尺寸应以尺寸数字为准，不得从图上直接量取；图样上的尺寸单位，除标高和总平面以m为单位外，其他必须以mm为单位。相互平行的尺寸线，应从被注写的图样轮廓由近向远整齐排列，较小尺寸离轮廓线较近，较大尺寸应离轮廓线较远。

注解文字的引出线应用细实线绘制，由水平方向的直线及与水平方向成30°、45°、60°、90°角的斜线组成。文字说明注写在水平线的上方或水平线的端部。同时，引出几个相同部分的引出线，宜相互平行，也可画成集中于一点的放射线。多层构造共用引出线，引出线应通过被引出的各层，文字说明的顺序应由上而下，并与被说明的层次保持一致，如层次为横向排序，则由上至下的说明顺序应与从左至右的层次顺序保持一致。

（五）图纸索引

索引是指在图样中用于引出需要进一步清楚绘制的细部图形的编号，以方便绘图及图纸的查找，提高阅图效率。室内设计图纸中的索引符号既可表示图样中某一局部或构造，也可表示某一平面中立面所在的位置。

三、技术性图纸的审核与成册

室内设计的技术性图纸绘制完成后，在成册前还需要一个整理和编排的过程，包括图纸目录、图纸排序、设计说明、施工说明、材料汇总等。应由资深的设计人员担任审核，对施工图的绘制规范性、施工图的绘制深度以及做法和说明进行细致的审核，以确保为施工单位提供翔实可靠的施工依据和指导。

（一）图纸目录

图纸目录是设计图纸的汇总表，又称“标题页”，以表格的形式表示。内容包括图纸序号、图纸名称、比例、编号等。

（二）图纸排序

通常，成册完整的图纸内容排序为封面、扉页、图纸目录、说明书、设备主材表、设计图纸。

1. 封面

封面上应写明工程名称、设计号、编制单位、设计证书号、编制年月等。

2. 扉页

扉页可为数页，分别写明编制单位的行政负责人、技术负责人、设计项目总负责人、各专业的工种负责人和审定人。以上人员均可加注技术职称，同时可放置透视图或模型照片。

3. 目录

用于介绍图纸内容的概况。

4. 说明书

说明书由设计总说明、施工说明、各专业说明和专篇设计说明组成。

5. 设备主材表

设备主材表是对工程项目中所涉及的各种设备和主要材料进行的归纳汇总，方便后期选样采购。

6. 设计图纸

设计图纸除包括专业的常规图纸外，还包括必要的设备系统设计图、各类功能分析图等。

（三）设计说明

设计说明主要对一些基本情况进行说明，如项目名称、地点、规模、基地及其环境等，是根据设计的性质、类型和地域性而作的设计构思，其中包括整体的设计依据、理念、原则，造型上的独特创意等。同时系统地阐释大致规划，小至空间细节，以及功能、技术、造型三者所涉及的室内空间环境设计。另外，还包括工程结构和设备技术（水、暖、电等）的指导性说明等。

（四）施工说明

施工说明是对室内施工图设计的具体解释，用来说明施工图设计中未标明的部分，以及对施工方法、质量的具体要求等。

（五）图纸汇编

完整的施工图应该包括：原建筑结构图、结构拆建图（用以结构安全审批）、平面布置图（包括家具、陈设和其他部件的位置、名称、尺寸和索引编号，以及每个房间的名称与功能）、天花布置图（包括顶棚装饰材料、灯饰、装饰部件和设施设备的位置、尺寸）、地面铺装图、电位示意图、灯位示意图、设备管线图、立面图（包括装修构造、门窗、构配件和家具、灯具等的样式、位置、尺寸、材料）、剖面图（有横向剖面、纵向剖面，剖切点应选在室内变化比较复杂的有代表性的位置）、局部大样、构造节点图等。

（六）图文审核

施工前，必须对图中各装饰部位的用材用料的规格、型号、品牌、材质、质量标准等进行审核，应按照国家有关标准对各装饰面的装修做法、构造、紧固方式进行仔细核查。考虑到施工材料组织的可能性、方便性，要尽可能地使用当地材料，减少运输成本，并且要适当整合材料品类，降低备货的复杂性，注重施工的可行性。还要关注环保，避免所用材料对人的健康产生危害。

只有经过仔细编排和审核的图纸才能最终装订成册，作为工程招标的依据性文件，成为施工方进行施工、备材备料的根本依据。

第四节　室内设计的工程实施

设计的最终目的是要将构思变为现实，只有施工才能将抽象的图纸符号转变为真实的空间效果。室内装修施工的过程是一个再创作的过程，是一个施工与设计互动的过程。对于室内设计人员来说，首先应该对室内装修的工艺、构造以及实际可选用的材料进行充分的了解，只有这样才能创作出优秀的作品；其次还应该充分注意与施工人员的沟通配合，事实上每一个成功的室内设计作品都既显示了设计者的才华，又凝聚了室内装修施工人员的智慧与劳动。

一、室内设计中的常规材料

室内设计中的材料选择十分重要，要想选好材料，就必须认识材料的结构、体积、质量、密度、硬度、力学性能、耐老化性能，以及其他基本性质。室内设计中的常规材料主要有木材、石材、陶瓷、玻璃、无机胶凝材料、涂料、装饰塑料制品、金属装饰材料和装饰纤维织物等。

（一）木材材料

木材具有湿胀干缩的特点，这种变形是由于木材细胞壁内吸附水的变化而引起的。木材低于纤维饱和点含水率时，比较干燥，体积收缩；干燥木材吸湿时，会随着吸附水的增加发生体积膨胀，达到纤维饱和点含水率时止。由于木材构造的不均匀性，所以随着木材体积的胀缩可能引起木材的变形和翘曲。

此外，在木材的选用上，要注意其防腐与阻燃的性能。由于真菌在木材中生存和繁殖必须具备温度、水分和空气三个条件（温度为25~35℃，含水率在35%~50%时最适宜真菌的繁殖生存，此时木材会发生腐朽），所以防止木材腐朽的措施，一是破坏真菌生存的条件，二是把木材变成有毒的物质，使真菌无法寄生。

木材阻燃是将木材经过具有阻燃性能的化学物质处理后，变成难燃的材料，从而达到小火能自熄，大火能延缓或阻滞燃烧蔓延的目的。

1. 木质人造板

木质人造板有多种类型，但规格基本上是1.22m×2.44m，常见的品类有：

（1）胶合板

由原木蒸煮后旋切成大张薄片单板，再通过干燥、整理、涂胶、热压、锯边而成，通常厚度为0.25~0.3cm。

（2）纤维板

以木质纤维或其他植物纤维为原料，经纤维分离（粉碎、浸泡、研磨）、拌胶、湿压成型、干燥处理等步骤加工而成的人造板材。

（3）刨花板

刨花板是利用施加胶料（脲醛树脂、蛋白质胶等）或采用水泥、石膏等与下脚料的木材或非木材植物制成的刨花材料（如木材刨花、亚麻屑、甘蔗渣等）压制成的板材。

（4）细木工板

细木工板是指在胶合板生产基础上，以木板条拼接或空心板做芯板，两面覆盖两层或多层胶合板，经胶压制成的一种特殊的胶合板，厚度通常在15~20mm。

（5）实木地板

实木地板是由天然木材直接切割加工而成的地板。按加工方式可分为镶嵌地板块、榫接地板块、平接地板块和竖木地板块。

（6）实木复合地板

这种地板表面采用名贵树种，强调装饰与耐磨，底面注重平衡，中间层用来开具榫槽与榫头，供地板间拼接。因多层木纤维互相交错，提高了地板的抗变形能力。按结构可分为三层实木复合地板、多层实木复合地板和细木工板复合实木地板三种。

（7）强化复合地板

这是以一种一层或多层装饰纸浸渍热固性氨基树脂，铺在中密度刨花板或高密度刨花板等人造基板表面，背面加平衡层，正面加耐磨层，经热压而成的人造复合地板。

（8）升降地板

也称“活动地板”或“装配式地板”，是由各种材质的方形面板块、桁条、可调支架，按不同规格型号拼装组合而成。按抗静电功能可分为不防静电板、普通抗静电板和特殊抗静电板；按面板块材质可分为木质地板、复合地板、铝合金地板、全钢地板、铝合金复合矿棉塑料贴面地板、铝合金聚酯树脂复合抗静电贴面地板、平压刨花板复合三聚氰胺甲醛贴面地板、镀锌钢板复合抗静电贴面地板等。活动地板下面的空间可敷设电缆、各种管道、电器和空调系统等。

（9）亚麻油地板

这是不含聚氯乙烯及石棉的纯天然环保产品，主要成分为软木、木粉、亚麻籽和天然树脂。

2. 竹藤制品

(1) 竹地板

竹地板是采用中上等竹材料，经高温、高压热固黏合而成，产品具有耐磨、防潮、防燃，铺设后不开裂、不扭曲、不发胀、不变形等特点，特别适合地热地板的铺装。

(2) 竹材贴面板

这是一种高级装饰材料，可用作地板、护墙板，还可以制作家具。竹材贴面板一般厚度为0.1~0.2mm，含水率为8%~10%，采用高精度的旋切机加工而成。

(3) 竹材碎料板

这是利用竹材加工过程中的废料，经再碎、刨片、施胶、热压、固结等工艺处理而制成的人造板材。

(二) 石材材料

1. 大理石

主要是指石灰岩或白云岩在高温高压作用下，矿物重新结晶变质而成的变质岩，具有致密的隐晶质结构，有纯色与花斑两大类。纯色如汉白玉等，花斑有网式花纹，如黑白根、紫罗红、大花绿、啡网纹等，还有条式花纹，如木纹石、红线米黄、银线米黄等。

2. 花岗石

天然花岗石具有全晶质结构，外观呈均匀粒状、颜色深浅不同的斑点样花纹，属酸性岩石，耐酸性物质的腐蚀。中国花岗石的主要品种有济南青、将军红、芩溪红、芝麻白、中华绿等；进口的花岗石大致有印度红、巴西红、巴西黑、蓝麻、红钻、啡钻、黑金砂、绿星石等。

3. 文化石

又称“板石”，主要有石板、砂岩、石英岩、蘑菇岩、艺术岩、乱石等。石板类石材有锈板、岩板等，主要用于地面铺装、墙面镶贴和石板瓦屋面等。

4. 人造石

人造石根据不同的加工工艺可分为。

(1) 水泥型人造石

以水泥或石灰、磨细砂为胶结料，砂为细骨料，碎大理石、碎花岗石、彩色石子为粗骨料，经配料、搅拌、成型、加压蒸养、磨光、抛光而成，也称“水磨石”。一般用于地面、踏步、台面板、花阶砖等。

（2）聚酯型人造石

以不饱和聚酯树脂等有机高分子树脂为黏结剂，与石英砂、大理石粉、方解石粉等搅拌混合、浇铸成型，经固化剂固化，再经脱模、烘干、抛光等工序制成。一般用于墙面、地面、柱面、洁具、楼梯踏步面、各种台面等。

（3）微晶玻璃型人造石

又称“微晶板”或“微晶石”，与陶瓷工艺相似，以石英砂、石灰石、萤石、工业废料等为原料，在助剂的作用下，高温熔融形成微小的玻璃结晶体，进而在高温晶化处理后模制成仿石材料。

（三）陶瓷

陶器通常有一定的吸水率，材质粗糙无光，不透明，敲起来声音粗哑，有无釉和有釉之分。瓷器的材质致密，吸水率极低，半透明，一般施有釉层。介于陶器与瓷器之间的是焙器，也有“半瓷”之称，吸水率小于20%。从陶、炻到瓷，原料从粗到精，烧成温度由低到高，坯体结构由多孔到致密。建筑用陶瓷多属陶质至炻质的产品范围，主要有墙地砖、洁具陶瓷、陶瓷锦砖和琉璃陶瓷四大类。

（四）玻璃材料

1. 透明玻璃

即普通玻璃，又称“净片”。其工艺多样，浮法工艺生产的玻璃成本低，表面平整光洁，厚度均匀，光学畸变极小，被广泛应用。浮法玻璃按厚度不同分别有3mm、4mm、5mm、6mm、8mm、10mm、12mm，幅面尺寸一般要大于1000mm×1200mm，但不超过2500mm×3000mm。

2. 磨砂玻璃

磨砂玻璃又称毛玻璃。由普通玻璃或浮法玻璃用硅砂、金刚砂、石榴石粉等材料，加水研磨而成的玻璃称为“磨砂玻璃”；用压缩空气将细砂喷射到玻璃表面而制成的玻璃称“喷砂玻璃”；用氢氟酸溶蚀的玻璃称“酸蚀玻璃”。

3. 压花玻璃

压花玻璃又称“滚花玻璃”，是将熔融的玻璃液在冷却硬化之前经过刻有花纹的滚筒，在玻璃一面或两面同时压上凹凸图案花纹，使玻璃在受光照射时漫射而不可透视。

4. 镶嵌玻璃

镶嵌玻璃又叫“拼装玻璃”，是玻璃经过切割、磨边、工型铜条镶嵌、焊接等工艺，重新加工组装的玻璃；拼装玻璃完成后，用准备好的两块钢化玻璃把做好的拼装玻璃镶在中间，再在玻璃周边涂上密封胶；等胶凝固后，抽取层中空气，注入惰性气体以防止铜条日后氧化锈蚀而产生绿斑。

5. 安全玻璃

安全玻璃是指具有承压、防火、防爆、防盗和防止伤人等功能的经过特殊加工的玻璃。主要有以下三种：

（1）夹丝玻璃

也称“防碎玻璃”“钢丝玻璃”或“防火玻璃”，由于玻璃内有夹丝，当受外加作用破裂或遇火爆碎后，玻璃碎片不脱落，可暂时隔断火焰，属2级防火玻璃。

（2）钢化玻璃

又称“强化玻璃”，是将玻璃均匀加热到接近软化程度，用高压气体等冷却介质使玻璃骤冷或用化学方法对其进行离子交换处理，使其表面形成压应力层的玻璃。钢化玻璃不能切割、磨削，边角不能碰撞或敲击，须按实际使用的规格来制作加工。

（3）夹层玻璃

又叫“夹胶玻璃”，是在两片或多片玻璃间嵌夹柔软强韧的透明胶膜，经加压、加热黏合而成的平面或曲面复合玻璃。原片玻璃可以是普通平板玻璃、钢化玻璃、颜色玻璃或热反射玻璃等，厚度一般采用3mm或5mm。夹层玻璃一般可用2~9层，建筑装修中常用两层或三层夹胶。

6. 空心玻璃

生产空心玻璃砖的原料与普通玻璃相同，由两块压铸成凹形的玻璃经加热熔融或胶结而成整体的玻璃空心砖。由于经高温加热熔接，后经退火冷却，玻璃空心砖的内部有2~3个大气压，最后用乙基涂料涂饰侧面而成。

7. 中空玻璃

中空玻璃是两片或多片平板玻璃在周边用间隔条分开，并用气密性好的密封胶密封，在玻璃中间形成干燥气体空间的玻璃制品。空气层厚度一般为6~12mm，使其具有良好的保温、隔热、隔声等性能。

8. 玻璃马赛克

玻璃马赛克又称“玻璃锦砖”，它表面光滑、色泽鲜艳、亮度好，有足够的化学稳定性和耐急冷，主要用于外墙装饰，也可用于室内墙面、柱面和装饰壁画，可拼成多种图案和色彩。玻璃马赛克单块尺寸为20mm×20mm×4mm、25mm×25mm×4.2mm、30mm×

30mm×4.3mm，联长321mm×321mm、327mm×327mm等，每块边长不得超过45mm，联上每行或列马赛克的缝距为2~3mm。

9. **防火玻璃**

高强度单片铯钾防火玻璃是一种具有防火功能的建筑外墙用的幕墙或门窗玻璃，它是采用物理和化学的方法，对浮法玻璃进行处理而得到的。它在1000℃火焰冲击下能保持84~183min不炸裂，能有效阻止火焰与烟雾的蔓延。

（五）无机胶凝材料

无机胶凝材料也叫“矿物胶结材料”，气硬性的无机建筑胶凝材料只能在空气条件下发生凝结、硬化，产生强度，并在工程操作条件下使强度得以保持和发展。这类材料主要有石灰、水泥、石膏、水玻璃等。

1. **水泥制品**

水泥与废纸浆、玻璃纤维、矿棉、天然植物纤维、石英砂磨细粉、硅藻土、粉煤灰、生石灰、消石灰等无机非金属材料或有机纤维材料混合，并添加适当调剂，经过一定工序便可制成各种水泥制品。这些材料防火，不燃，有着水泥的一般特性。室内装修中常见的水泥薄板制品有埃特板、TK板、FC板、石棉水泥装饰板、水泥木屑刨花装饰板等。

2. **石膏板**

在石膏粉中加水、外加剂、纤维等搅拌成石膏浆体，注入板机或模具成型为芯材，并与护面纸牢固地结合在一起，最后经锯割、干燥成材，形成纸面石膏板。按用途可分为普通纸面石膏板、耐水纸面石膏板和耐火纸面石膏板三种。

（六）涂料

涂料一般有木器涂料、内墙涂料、地面涂料、防火涂料和氟碳涂料等。

1. **常用木器涂料**

（1）天然树脂漆

漆膜坚硬、光亮润滑，具有独特的耐水、防潮、耐化学腐蚀、耐磨以及抗老化性能。缺点是漆膜色深，性脆，黏度高，不易施工，不耐阳光直射。

（2）脂胶漆

以干性油和甘油松香为主要成膜物质制成，虽然耐水性好，漆膜光亮，但干燥性差，光泽不持久，涂刷室外门窗半年就开始粉化。

（3）硝基漆

以硝化棉为主要成膜物质，加入其他合成树脂、增韧剂、挥发性稀释剂制成，具有干燥快、漆膜光亮、坚硬、抗磨、耐久等特点。主要用于家具、壁板、扶手等木制装饰。硝基漆通常施工遍数多，表面涂抹精细，导致施工成本较高。

（4）聚酯漆

是以不饱和聚酯树脂为主要成膜物质的一种高档涂料，因为过去一直用于钢琴木器表面的涂饰，所以又叫“钢琴漆”。由于不饱和聚酯树脂漆必须在无氧条件下成膜干燥，故推广使用有障碍，但现在采用苯乙烯催化固化，使不饱和聚酯树脂固化变得简单，于是聚酯漆便得到了推广。

（5）聚氨酯漆

聚氨酯漆涂膜坚硬，富有韧性，附着力好（与木、竹、金属等材料），膜面可高光，也可亚光，膜质既坚硬耐磨，又弹缩柔韧。聚氨酯漆的缺点是含有甲苯二异氰酸酯，污染环境，对人体有害。

2. **内墙涂料**

（1）聚酯酸乙烯内墙乳胶漆

这种水乳性涂料具有无毒、无味、干燥快、透气性好、附着力强、颜色鲜艳、施工方便、耐水、耐碱、耐候等良好性能。通常用于内墙、顶棚装饰，不宜用于厨房、浴室、卫生间等湿度较高的空间。

（2）乙丙内墙乳胶漆

它是以聚酯酸乙烯与丙烯酸酯共聚乳液为主要成膜物质的涂料，具有无毒、无味、不燃、透气性好，以及外观细腻、保色性好等特征，有半光或全光。乙丙内墙乳胶漆耐碱耐水，价格适中，适宜内墙（顶棚）装饰。

（3）苯丙乳胶漆

它是以苯乙烯、丙烯酸酯、甲基丙烯酸三元共聚乳液为主要成膜物质，具有丙烯酸酯类的高耐光性、耐候性、漆膜不泛黄等特点，其耐碱性、耐水性、耐洗刷性都优于上述涂料，可用于湿度较高部位的内墙装饰，是一种中档内墙涂料，价格适中，耐久年限为10年左右。

（4）有机硅-丙烯酸共聚乳液涂料

它的耐擦洗性是苯丙乳胶漆的10倍，乙丙内墙乳胶漆的50倍左右。可覆盖墙体基层的微裂纹，防霉性、保色性均好，耐久年限为15年左右。

3. 地面涂料

（1）聚酯酸乙烯地面涂料

它是聚酯酸乙烯乳液、水泥及颜料、填料配制而成的聚合物水泥地面涂料。这种地面涂料是有机物与无机物相结合，无毒、无味，早期强度高，与水泥地面结合力强，具有不燃、耐磨、抗冲击、有一定的弹性、装饰效果比较好以及价格适中等特点。

（2）环氧树脂地面漆

它是以环氧树脂为主要成膜物质，加入颜料、填料、增塑剂和固化剂等，经过一定的工艺加工而成的，可在施工现场调配使用，是目前使用最多的一种地面涂料。施工时现场应注意通风、防火以及环保要求等。

4. 防火涂料

防火涂料的主要作用就是将涂料涂在需要进行火灾保护的基材表面，一旦遇火，具有延迟和抑制火焰蔓延的作用。根据使用环境的不同，防火涂料一般分木结构防火涂料、钢结构防火涂料和混凝土楼板防火涂料三种。

5. 氟碳涂料

氟碳涂料是在氟树脂的基础上经改良、加工而成，是目前性能最为优异的一种新涂料，涂膜细腻，有光泽，其品质有低、中、高档之别。氟碳涂料施工方便，可以喷涂、滚涂、刷涂，现在广泛应用于制作金属幕墙表面涂饰和铝合金门窗、金属型材、无机板材以及各种装饰板涂层、木材涂层和内外墙装饰等。

（七）装饰塑料制品

在装饰装修工程中，除少数塑料是与其他材料复合成结构材料外，绝大部分是作为非结构装饰材料。主要有塑料壁纸、塑料地板、化纤地毯、塑料门窗、贴面板、管和管件、塑料卫生洁具、塑料灯具、泡沫保温隔热吸声材料、塑料楼梯扶手等异型材料、有机装饰板、扣板、阳光板以及有机玻璃等。

（八）金属装饰材料

金属装饰材料主要有型钢、轻钢龙骨、不锈钢、彩钢板和铝、铜等制品。

1. 型钢

型钢有工字钢、槽钢、角钢三种。工字钢分热轧普通工字钢和热轧轻型工字钢，广泛用于幕墙支撑件、建筑构件等；槽钢也有热轧普通槽钢和热轧轻型槽钢，广泛用于建筑装修工程中接层等工程；角钢在室内装修工程中应用的范围最广，除用作一般结构外，还可用于台面、干挂大理石等辅助支撑结构用钢，有等边角钢和不等边角钢之分。

2. **轻钢龙骨**

轻钢龙骨是室内装修工程中最常用的顶棚和隔墙的骨架材料，是用镀锌钢板和冷轧薄钢板，经裁剪、冷弯、轧制、冲压而成的薄壁型材，是木格栅吊顶的代用产品。具有自重轻、强度高、抗应力性能好、隔热防火性能优、施工效率高等特点。类型可分 C 形龙骨、U 形龙骨和 T 形龙骨。C 形龙骨主要用来做隔墙竖骨；U 形龙骨用来做沿顶龙骨和沿地龙骨；T 形龙骨主要是吊顶用的龙骨，按吊顶的承载能力大小分上人型吊顶龙骨和非上人型吊顶龙骨。

3. **不锈钢**

由于铬的性质比较活跃，所以在不锈钢中，铬首先在环境中氧化合，生成一层致密的氧化膜层，也称“钝化膜”，它能使钢材得到保护，不会生锈。在不锈钢中加入镍元素后，由于镍对非氧化性介质有很强的抗蚀力，因此镍铬不锈钢的耐蚀性就更加出色。

4. **彩钢板**

彩钢板也称“彩色涂层钢板”，是以冷轧或镀锌钢板为基材，经表面处理后，涂装各种保护及装饰涂层而成的产品。常用的涂层有无机涂层、有机涂层和复合涂层三大类。

5. **铝、铜等制品**

铝合金目前广泛用于建筑工程结构和室内装饰工程中，如屋架、幕墙、门窗、顶棚、阳台和楼梯扶手以及其他室内装饰等。在现代室内环境中，铜是高级装饰材料，常用于银行、酒店、商厦等装饰，使建筑物或室内装饰显得光彩夺目和富丽堂皇。

（九）装饰纤维织物

装饰纤维织物一般有天然纤维、化学纤维和墙纸壁布等。

1. **天然纤维**

（1）羊毛

羊毛纤维弹性好，易于清洗，不易污染、变形、燃烧，而且可以根据需要进行染色处理，制品色泽鲜艳，经久耐用，但是价格比较昂贵。

（2）棉与麻

它们均是植物纤维，布艺有素面和印花等品种，易洗、易熨，便于染色，不易褪色，并且有韧性，可反射热，可用作垫套装饰。

（3）丝绸

光色柔和，手感滑润，具有纤细、柔韧、半透明、易上色等特点，可用作墙面裱糊或浮挂，是一种高档的装饰材料。

2. 化学纤维

（1）聚酯纤维

又称“涤纶”，其耐磨性能是天然纤维棉花的 2 倍，羊毛的 3 倍。

（2）聚酰胺纤维

又称“锦纶”或“尼龙”，在所有天然纤维和化学纤维中，锦纶的耐磨性是最好的，是羊毛的 20 倍，是黏胶纤维的 50 倍。锦纶不怕腐蚀、不易发霉、不怕虫蛀，易于清洗。缺点是弹性差、易脏、易变形，并且遇火易熔融，在干热条件下容易产生静电。

（3）聚丙烯纤维

又称“丙纶”，具有质地轻、弹性好、强力高、耐磨性好、易于清洗等优点，而且生产过程也较其他合成纤维简单，生产成本低。

（4）聚丙腈纶纤维。

又称“腈纶”，具有耐晒的特征，如果把各种纤维放在室外暴晒一年，那么腈纶的强力降低 20%，棉花降低 90%，而蚕丝、羊毛、锦纶、黏胶等其他纤维的强力则降为零。腈纶不易发霉，不怕虫蛀，耐酸碱侵蚀，但腈纶的耐磨性在合成纤维中是比较差的。

3. 墙纸壁布

（1）纸基织物壁纸

它是由棉、毛、麻、丝等天然纤维以及化纤制成的粗细纱，织后再与纸基黏合而成。这种壁纸用各色纺线排列成各种花纹以达到艺术装饰的效果，特点是质朴、自然，立体感强，吸声效果好，耐日晒，并且色彩柔和，不褪色，无毒、无害、无静电，不反光，具有一定的调湿性和透气性。

（2）麻草壁纸

这种壁纸是以纸为基层，编织的麻草为面层，经复合加工制成，具有吸声、阻燃、不吸尘、不变形和可呼吸等特点，具有古朴、粗犷的自然之美。

（3）棉纺装饰墙布

它是以纯棉平布经过处理、印花后，涂以耐擦洗和耐磨树脂制成。其强度大、静电小、蠕变变形小，并且无光、无味、无毒、吸声。可用于宾馆、饭店及其他公共建筑和比较高级的民用建筑室内墙面装饰。

（4）无纺墙布

它采用棉麻、涤纶、腈纶等纤维经无纺成型，表面涂以树脂，印刷彩色花纹图案制成。其花色品种多、色彩丰富，并且表面光洁，有弹性，不易折碎，不易老化，有一定的透气性和防潮性，可以擦洗，耐久而不易褪色。

除此之外，丝绒、锦缎、呢料等织物也是高级墙面装饰织物，这些织物由于纤维材料、织造方法以及处理工艺的不同，所产生的质感和装饰效果也不同。

二、室内设计的常规构造

（一）墙面装修构造

墙面装修构造主要有隔墙构造和铺贴式墙面、板材墙面、金属板材墙面、玻璃镜面墙面、裱糊装饰墙面、乳胶漆墙面等。

1. 隔墙构造

（1）砌块式隔墙

这种隔墙的常用材料有普通黏土砖、多孔砖、玻璃砖、加气混凝土砖等，在构造上与普通黏土砖的砌筑要点相似，一般采用水泥砂浆、石膏或建筑胶为胶结剂黏合而成整体。对较高的墙体，为保证其稳定性，通常采用在墙体的一定高度内加钢筋拉结加固的方式。这种构造的墙，根据所用材料的不同有300mm、240mm、120mm等不同厚度。

（2）立筋式隔墙

立筋式隔墙具有重量轻、施工快捷的特点，是目前室内隔墙中普遍采用的一种方式。

（3）条板式隔墙

这是指单板高度相当于房间的净高，面积较大且不依赖龙骨骨架直接拼装而成的隔墙。常用的条板有玻璃纤维增强水泥条板（GRC板）、钢丝增强水泥条板、增强石膏板空心条板、轻骨料混凝土条板以及各种各样的复合板（如蜂窝板、夹心板）。长度一般为2200~4000mm，常用2400~3000mm；宽度以100mm递增，常用600mm；板厚有60mm、90mm、120mm；空心条板外壁的壁厚不小于15mm，肋厚不小于20mm。

2. 铺贴式墙面

瓷砖与石材在墙面上的铺贴安装方法有贴和挂。具体的方法列举如下三种：

（1）粘贴法

通常将砖石用水浸透后取出备用，黏结砂浆采用聚合物水泥砂浆，通常为1：2水泥砂浆内掺水泥量5%～10%的树脂外加剂，施工完毕后清洁板面，并按板材颜色调制水泥浆嵌缝。

（2）绑扎法

这种方法首先是按施工大样图要求的横竖距离焊接或绑扎钢筋骨架，然后给饰面板预拼排号，并按顺序将板材侧面钻孔打眼（常用的打孔法是用4mm的钻头直接在板材的端面钻孔，孔深15mm左右，然后在板的背面对准端孔底部再打孔，直至连通端孔，这种孔称为“牛鼻子孔”。另外还有一种打孔法是钻斜孔，孔眼与面板成35°左右）。安装时，将铜丝穿入孔内，然后将板就位，自下而上安装，随之将铜丝绑扎在墙体横筋上即可。最后，再用1：2.5的水泥砂浆分层灌筑，全部安装完毕后，清洁嵌缝。

（3）干挂法

这种方法是在需要干挂饰面石材的部位预设金属型材，打入膨胀螺栓，然后固定，用金属件卡紧固定，石材挂后进行结构粘牢和胶缝处理。

3. 板材墙面

木质罩面板主要由基层、龙骨连接层、面层三部分组成。基层的处理是为龙骨的安装做准备，通常是根据龙骨分档的尺寸，在墙上加塞木楔，当墙体材料为混凝土时，可用射钉枪将木方钉入。木龙骨的断面一般采用（20～40）mm×40mm，木骨架由竖筋和横筋组成，竖向间距为400～600mm，横筋可稍大，一般为600mm左右，主要按板的规格来定。

为了防止墙体的潮气使面板出现开裂变形或出现钉锈和霉斑，并且木质材料属于易燃物质，因此必须进行必要的防潮、防腐和防火处理。面层材料主要有板状和条状两种。板状材料如胶合板、膜压木饰面板、刨花板等，可采用枪钉或圆钉与木龙骨钉牢、钉框固定和用大力胶黏接三种方法，如果将这几种方法结合起来效果会更好；条状材料通常是企口板材，可进行企口嵌缝，依靠异型板卡或带槽口压条进行连接，可以减少面板上的钉固工艺，保持饰面的完整和美观。

木质饰面板板缝的处理方法很多，有斜接密缝、平接留缝和压条盖缝等。当采用硬木装饰条板为罩面板时，板缝多为企口缝。

此外，其他装饰板材墙面还有万通板、石膏板、塑料护墙板饰面、夹心墙板、装饰吸声板饰面等，其施工工艺也主要是基层、龙骨和面层。但根据各种板材自身的属性，在具体操作时存在着一定的差异。

4. 金属板材墙面

（1）铝合金板饰面构造

这种构造有插接式构造和嵌条式构造两种。插接式构造是将板条或方板用螺钉等紧固件固定在型钢或木骨架上，这种固定方法耐久性好，多用于室外墙面；嵌条式构造是将板条卡在特别的龙骨上，此构造仅适用于较薄板条，多用于室内墙面装饰。

（2）不锈钢板饰面构造

这种构造有三种常见形式：一是铝合金或轻钢龙骨贴墙，即先将铝合金或轻钢龙骨直接粘贴于内墙面上，再将各种不锈钢平板与龙骨粘牢；二是墙板直接贴墙，将各种不锈钢平板直接粘贴于墙体表面上，这种构造做法要求墙体找平层特别固定，才能与墙体基层黏结牢固；三是墙板离墙吊挂，适用于墙面突出部位，如突出的线脚、造型面部位以及墙内要加保温层部位等。另外，木龙骨贴墙做法是在墙上钻眼打楔，制作木龙骨并与木楔钉牢，再铺设基层板，将不锈钢饰面板用螺钉等紧固件或胶黏剂固定在基层板上，最后用密封胶填缝或用压条遮盖板缝。

（3）铝塑板饰面构造

主要有无龙骨贴板构造、轻钢龙骨贴板构造、木龙骨贴板构造等，无论采用哪种构造，均不允许将铝塑板直接贴于抹灰找平层上，而应贴于纸面石膏板或阻燃型胶合板等比较平整光滑的基层上。粘贴方法有黏结剂直接粘贴法、双面胶带及粘贴剂并用粘贴法、发泡双面胶带直接粘贴法等。

5. 玻璃镜面墙面

（1）有龙骨做法

清理墙面，整修后涂建筑防水胶粉防潮层，安装防腐防火木龙骨，然后在木龙骨上安装阻燃型胶合板，最后固定玻璃镜面。玻璃固定方法有以下几种：一是螺钉固定法，即在玻璃上钻孔，用镀锌螺钉或铜螺钉直接把玻璃固定在龙骨上，螺钉要套上塑料垫圈以保护玻璃；二是嵌钉固定法，即在玻璃的交点处用嵌钉将玻璃固定于龙骨上，把玻璃的四角压紧固定；三是粘贴固定法，即用玻璃胶把玻璃直接粘贴在衬板上；四是托压固定法，即用压条和边框托压住玻璃，固定于木筋上。

（2）无龙骨做法

先满涂建筑防水胶粉防潮层，做镜面玻璃保护层（粘贴牛皮纸或铝箔一层），然后用强力胶粘贴镜面玻璃，封边、收口。

6. 裱糊装饰墙面

墙纸、墙布的装饰均采用这种工艺，其基本的裱糊工具有水桶、板刷、砂纸、弹线包、尺、刮板、毛巾和裁纸刀等。施工顺序是先处理墙面基层，然后弹垂直线，并根据房间的高度拼花、裁纸，接下来是熨纸，让纸展开，最后就可涂胶粘贴墙纸了。

7. 乳胶漆墙面

墙面粉刷乳胶漆时，应先将基层的缺棱掉角处用 1∶2.5~1∶2 的水泥砂浆修补，表面麻面以及缝隙用腻子填补平齐，基层表面要清洁干净。再用刮刀在基层上刮一遍腻子，要求刮得薄，收得干净、均匀、平整，无飞刺。待腻子干透后，用 1 号砂纸打磨，注意保护棱角，要求达到表面光滑、线角平直、整齐一致，该步骤须至少重复两次。然后涂刷底漆，涂刷时要上下刷，后一排笔要紧接前一排笔，互相衔接，注意不要漏刷，保持乳胶漆的稠度。底漆轻磨后涂刷三遍面漆，每遍面漆干燥后即可涂刷下一遍面漆。乳胶漆稠度要适中，涂漆厚度均匀，颜色一致，表面清洁无污染，无色差和搭接痕迹以及无掉粉起皮、泛碱咬色、漏刷透底、流坠等质量问题。

（二）地面装饰构造

地面装饰构造一般有陶瓷地砖地面、石材地面、木质地板地面、复合地板地面和人造软质地面。

1. 陶瓷地砖地面

地砖铺贴前应找好水平线、垂直线和分格线，如遇面积大、纹路多、自然色泽变化大的地砖铺贴，必须进行试铺预排、编号、归类的工艺程序，使花纹和色泽均匀，纹理顺畅。铺砌前，先将水泥地面刷一遍水灰比为 0.4~0.5 的水泥砂浆，随刷随摊铺水泥砂浆结合层；摊铺干硬性水泥砂浆结合层（找平层），摊铺砂浆长度应在 1m 以上，宽度要超出平板宽度 20~30mm；铺砌时应分两道工序进行，先采用 C20 细石混凝土做找平层，并敷设管线，待找平层干缩稳定后，用干性 1∶2.5 水泥砂浆铺砌地砖，不可一道工序就完成铺砌。然后，将地砖安放在铺设的位置上，对好纵横缝，用橡皮锤（或木锤）轻轻敲击板块料，使砂浆震实。当锤击到铺设标高后，将地砖搬起移至一旁，检查砂浆黏结层是否平整密实，如有空鼓，用砂浆补上后抹一层水灰比为 0.4~0.5 的水泥砂浆，接着正式进行铺贴。铺贴后 24h 内不可践踏或碰撞石材，以免造成破损松动。

2. 石材地面

铺设石材地面底层要充分清扫、湿润，石板在铺设前一定要浸水湿润，以保证面层与结合层黏结牢固，防止空鼓、起翘等问题。结合层宜使用干硬性水泥砂浆，水泥和砂配合比常用 1∶3；等到板块试铺合适后，再在石板背面刮素水泥浆，以确保整个上下层黏结牢固，接缝一般为 1~10mm 的凹缝。另外，铺贴石材时，为防止污渍、锈渍渗出表面，在石板的里侧必须先涂柏油底料及耐碱性涂料后方可铺贴。

3. 木质地板地面

一般木质地板采用实铺式地面，直接在实体基层上铺设木格栅，格栅的截面尺寸较小，一般是 30mm×50mm，间隔 450mm 左右，格栅可以借助多用钢钉直接将格栅龙骨钉入混凝土基层。有时为了提高地板弹性，可以做成纵横两层格栅，格栅下面可以放入垫木，以调整不平整的情况。为防止木材受潮而产生膨胀，在木格栅与混凝土接触的底面上要做防腐处理。

4. 复合地板地面

铺设复合地板的基层地面要求平整，无凹凸不平现象，要清理地面附着的各类浮土杂物，保持干燥清洁，对于地面大面积的水平误差，一定要重新进行水泥砂浆的二次找平，再精确测量好所铺地板部位的细部尺寸和铺设方向后，即可进行地板铺设。地板到墙边必须留伸缩缝，对于走廊等纵向较长处的铺设，可采用横向铺设，以防伸缩变形，并在铺设前先铺设泡沫垫层。复合地板房间的踢脚板一般为配套踢脚板，用于地板的收口处理。地板铺设完毕，再进行踢脚线安装，安装时应压紧复合地板。

5. 人造软质地面

地毯是典型的软质地面，其自身的构造有面层、黏结层、初级背衬和次级背衬等，其编织方法也有多种。铺设方法分为固定和不固定两种。固定式的铺设方法又分两种：一种是黏结式，即用施工黏结剂将地毯背面的四周与地面黏结住；另一种是卡条式，在房间周边地面上，安设带有朝天的小钉钩木卡条板，将地毯背面固定在木卡条的小钉钩上，或采用铝及不锈钢卡条将地毯边缘卡紧，再固定于地面上。

（三）顶棚装修构造

悬吊式顶棚一般由悬吊部分、顶棚骨架、饰面层和连接部分组成。悬吊部分包括吊点、吊杆和连接件。顶棚骨架又叫“顶棚基层”，是由主龙骨、次龙骨、小龙骨等形成的网格骨架体系，其作用是承受饰面层的重量并通过吊杆传递到楼板或屋面板上。饰面层又称“面层”，主要作用是装饰室内空间，并且兼有吸音、反射、隔热等特定的功能，饰面层一般有抹灰类、板材类、开敞类。连接部分是指悬吊式顶棚龙骨之间，悬吊式顶棚龙骨与饰面层、龙骨与吊杆之间的连接件、紧固件，一般有吊挂件、插挂件、自攻螺钉、木螺钉、圆钢钉、特制卡具、胶黏剂等。

各类饰面板与龙骨的连接大致有以下几种方式。

①钉接。即用铁钉、螺钉将饰面板固定在龙骨上。

②黏接。即用各种胶黏剂将板材粘贴于龙骨底面或其他基层板上。

③搁置。即将饰面板直接搁置在倒T形断面的轻钢龙骨或铝合金龙骨上。

④卡接。即用特制龙骨或卡具将饰面板卡在龙骨上，这种方式多用于轻钢龙骨、金属类饰面板。

⑤吊挂。即利用金属挂钩龙骨将饰面板按排列次序组成的单体构件挂于其下。

吊顶的一般工艺是先在顶棚标高处定位弹线，再划分龙骨分档线，按设计要求在标高水平线上为龙骨分档，主、次龙骨应避开灯位，主龙骨与平行的墙面距离应小于300mm，主龙骨间距应小于1200mm。在空调风口、室内风机等特殊部位应增加主龙骨。次龙骨间距应为300mm，吊顶板间接缝处应放置次龙骨。安装主龙骨吊杆宜采用膨胀螺栓固定M8全牙吊杆，根据水平线确定吊杆下端头的标高，并按主龙骨位置固定吊杆，吊杆在主龙骨端头位置应小于250mm，吊杆间距不大于1200mm。主龙骨安装好后要拉线校正，再安装次龙骨。次龙骨分档必须按图纸要求进行，四边龙骨贴墙边，所有卡扣、配件位置要求准确牢固。

（四）门窗装饰构造

门窗按开启方式可分为平开门（窗）、推拉门（窗）、回转门（窗）、固定窗、悬窗、百叶窗、弹簧门、卷帘门、折叠门，此外还有上翻门、升降门、电动感应门等，不同形式的门窗有着不同的内部构造。

对于门窗的装饰构造而言，门窗套是最基本也是最常见的一种，现以门套为例，其基本工艺是先检查土建预留门洞是否符合门套尺寸的要求，如不符合应修补整改后施工。门套基层为双层细木工板，将双层细木工板用木工专用胶水黏合后压制成型，并按设计尺寸和实际厚度进行配料，门套超出墙体2mm（厨房、卫生间门套应超出墙体20mm），同一门框横、竖板规格要统一，而且木门套须做好防腐处理。然后在门洞左右两侧以及顶部用冲击钻头钻孔，把14mm×4mm×80mm的木楔敲入孔内，固定点上下间距不大于450mm、不小于400mm，同一高度并设两只，再把预制好的门套用3.5英寸（约90mm）镀锌铁钉固定在木楔上，铁钉要进行防锈处理，固定时要吊线校正，门套高度和宽度与规格尺寸误差不大于1mm；门套下部应与地面悬空，底部高于毛地面20mm，下部200mm应做防潮处理。门套与墙面缝隙可用发泡剂封堵，面层用水泥砂浆粉刷平整。

目前，室内装修过程中的很多制作部分越来越多地采用工厂化外加工的方式，门窗套也不例外。这一方面便于同时交叉施工，大大缩短工期；另一方面，工厂化制作的工艺效果往往有手工制作不可比拟的优越性，不但快捷，而且优质。

三、室内设计人员与施工人员的配合

除了要了解室内装修实际可选用的材料以及施工的基本工艺、构造之外，室内设计人员还要知道在施工过程中应该如何与施工人员进行配合，将设计成果比较好地落实到现实空间中。

（一）现场跟踪

1. 图纸交底

一般来说，如果是直接委托项目，图纸交到施工方以后会留出一段时间供施工方负责人对图纸内容进行消化吸收，之后设计方和施工方应约定时间到施工现场进行图纸交底，解决施工方在理解图纸过程中产生的所有疑问。这一过程是十分重要的，能确保施工方在工地开工之前对图纸有全面深入的了解，是后期施工顺利进行的基础。如果是施工招标项目，业主方一般会在施工招标文件上交之前组织答疑会议，届时对图纸内容的交底将是一个重要的部分。设计方应做好答疑准备，并将一些在图纸理解上容易出现误解的地方提示出来，再利用多媒体等手段进行详细解说。总之，帮助施工方在正式开工之前深入地了解图纸内容，明确在施工过程中可能会遇到的问题是设计师的基本工作之一。

2. 现场监管

施工正式开始以后，设计方制作的施工图纸将在现场逐步实施，有时难免会有一些细节部分，设计图纸的表达不够详尽，或施工人员会出现理解偏差。因此，设计人员要定期到施工现场解决这些问题。对于一些大型项目，一般业主方还会委托专业的监理公司监理，现场大多有一个或数个监理人员进行监控审核。通常情况下，施工方必须严格按图施工，特殊情况则需要设计方、施工方、监理方和业主方四方共同开会探讨和解决出现的问题，以确保项目的顺利开展。

3. 施工变更

设计项目开始之前，业主方提供的原始建筑空间资料，或者是设计方自己测绘所得的现场资料，有时难免会与实际状况存在误差。特别是一些改造项目，测绘时现场可能还没有完全拆除或清理干净，一些隐蔽的结构还没有展现出来。这些因素都会导致设计方提供的施工图纸与现场不吻合，这就需要设计师到现场进行实地勘察，并提出解决方案，重新变更图纸。另外，业主方也可能因为一些自身的原因对图纸提出变更要求，如项目计划有更改等；或在主要材料的选择确认过程中，出现断货、材料加工周期过长、材料价格超出预算等问题，这些因素也可能导致设计施工图纸的变更。需要特别注意的是，施工过程中出现的变更问题要由设计方重新提出方案，并由施工方、监理方和业主方共同签字确认方能生效，而且这些变更资料将成为后期绘制竣工图进行竣工决算的根本依据，因此要一式四份，四方各持一份。

（二）材料选样

通常，室内设计在初期就会指定施工过程中要用到的各种材料，但这种指定具有不确定性，更多的是对最终效果的一种材料组合的考虑。至于材料的具体厂家、品牌、型号、规格、价格等问题，常常无法在施工开展之前就一一确定，虽然有时一些主要材料也会在前期就由设计师通过市场选样确认，但是依然不可避免在施工过程中要对各种材料进行细化选样。此外，材料不仅关系到项目的空间效果，还与工程的整体造价密切相连，类似效果的材料有时由于品牌和品质的差异，价格会相差数倍。因此，材料选样有时只是空间效果和工程预算之间的一种权衡，毕竟不计成本的项目是比较少的。

设计施工图在制作过程中一般还应该包括主要材料的样品提供和全部材料的汇总表格，这是后期在施工过程中能够顺利进行材料确认的关键。一个合格的设计师应该既了解材料市场各种新产品、新材料的基本动向，又掌握各种材料的基本属性以及在施工中的应用方式。

（三）竣工验收

室内设计工程项目竣工是指工程项目经过承建方的准备和实施活动，已完成项目承包合同规定的全部内容，并符合发包方的意图和达到使用的要求。竣工验收标志着工程项目建设任务的全面完成，是全面检验工程项目是否符合设计要求和工程质量检验标准的重要环节，也是检查工程承包合同执行情况，促进建设项目交付使用的必然途径。

竣工验收的条件和标准是室内装饰设计工程项目质量检验的重要内容和依据。

1. 竣工验收条件

竣工验收条件是指设计文件和合同约定的各项施工内容已经实施完毕，工程完工后，承包方按照施工以及验收规范和质量检验标准进行自检，以确定是否达到验收标准，符合使用要求。自检包括以下五个方面：

（1）与室内设计专业配套的相关工程以及辅助设施按照合同和施工图规定的内容是否全部施工完毕，并达到相关专业技术标准，质量验收合格。

（2）有完整并经核定的工程竣工资料，符合验收规定。

（3）有勘察、设计、施工、监理等单位签署确认的工程质量合格文件。

（4）有工程使用的主要建筑材料、构配件、设备进场的证明及试验报告。

（5）有施工单位签署的工程质量保修书。

2. 竣工验收标准

竣工验收标准指的是工程质量必须达到合同约定的标准，同时符合各专业工程质量验收标准的规定，否则一律不能交付使用。根据我国有关标准对单位工程质量验收合格规定如下：

（1）所含分部工程的质量均应验收合格。

（2）质量控制资料应完整。

（3）所含分部工程有关安全、节能、环境保护和主要使用功能的检验资料应完整。

（4）主要使用功能的抽查结果应符合相关专业验收规范的规定。

（5）观感质量应符合要求。

设计人员在项目竣工验收的过程中应积极配合，协助发包方、监理方对项目的施工质量和最终效果进行验收，并且协助施工方整体完善竣工资料。

第四章　室内设计的基本原理和应用技术

第一节　室内空间的组成以及设计程序

一、室内空间的组成

室内空间的所有物体均须通过一定形式才能表现出来，形式来源于人们的形象思维，是人们根据视觉美感和精神需求而进行的主观创造。

（一）关于形

1. 形的主要内容

（1）空间形态

室内空间由实体构件限定，而界面的组合赋予空间以形态，是具体形象的生动表现，是我们日常生活中存在的物体，容易识别，有生命性和立体感，同时影响人们在空间中的心理感受和体验。

（2）界面形状

空间的美感和内涵通过界面自身形状表现出来。墙面、地面等对室内环境塑造具有重要影响。因此，非常有必要对这些实体要素进行再创造和设计。

（3）内含物造型及其组合形式

室内的家具、灯具等内含物是室内环境中的又一大实体，是室内形的重要组成部分，可以美化室内环境，增加艺术感。

（4）装饰图案

这里的装饰图案是墙面上的壁画、地面铺地的图案、家具上的花纹装饰等，是具体形象的高度概括，图形简洁、抽象化、平面化，难以识别。这些装饰图案的形式也或多或少地参与室内形的构成。

2. 形的基本要素

研究室内环境的形，包括实体的造型和它们之间的关系，都可将其抽象为点、线、面的构成。室内点、线、面的区分是相对而言的，宽度、长度比例的变化可形成面和线的转换，从视野及其相互关系的角度决定其在空间中的构成关系。

3. 形的表现形式

形即形状，以点、线、面、体等几种基本形式表现，能给人带来不同的视觉感受。

（1）点

点以足够小的空间尺度，占据主要位置。可以小压多、画龙点睛。

（2）线

点移动而形成线。人的视线足够远且物体本身长比宽不小于 10∶1 时，就可视为线。用线来划分空间，形成构图。

（3）面

线的移动产生面。面在室内空间中应用频率很高，如顶面、地面、隔断、陈设等。

（4）体

体通常与量、块等概念相联系，是面移动后形成的。

（二）关于光

光是室内设计的基本构成要素，对光的运用和处理要认真加以考虑。

1. 光源类型

光分为自然光和人造光。人造光能对形与色起修饰作用，能使简单的造型丰富起来。光的强弱虚实会改变空间的尺度感。

2. 照明方式

对空间中照明方式进行合理设计能使人感到宽敞明亮，可以是直接照明也可以是间接照明。对于整体照明来说，为空间（如进餐、阅读等区域）所提供的照明使空间在视觉上变大，属强调或装饰性照明，重点突出照明对象，使其得以充分展现。

3. 照明的艺术效果

营造气氛，如办公室中亮度较强的白炽灯，现代感强。例如，粉红色、浅黄色的暖色灯光可营造柔和温馨的气氛，增强空间感。明亮的室内空间显得宽敞，昏暗的房间则显得狭小。照明可以突出室内重点部分，从而强化主题，并使空间丰富而有生气。通过各种照明装置和一定的照明布置方式可以丰富室内空间。例如，利用光影形成光圈、光环、光带等不同的造型，将人们的视线引导到某个室内物体上。

（三）关于色

色彩不仅可以表现美感，还对人的生理和心理感受具有明显的影响，如明度高的色彩显得活泼而热烈，彩度高的色彩显得张扬而奢华。

色彩的高明度、高彩度和暖色相使空间显得充实，而单纯统一的室内色彩则对空间有放大作用。色彩具有重量感，彩度高的色彩较轻，彩度低的色彩较重，相同明度和彩度的暖色相对冷色较轻。

二、室内空间的设计程序

室内设计按照工程的进度大体可以分为三个部分，即概念及方案设计阶段、施工阶段、竣工验收阶段。一般情况下，概念及方案设计阶段是确定方案及绘制施工图的阶段，这个阶段须与使用者反复讨论和修改，进行方案的最终确定；施工阶段是按照施工图的相关信息对室内设计理念进行表达的过程，以运用技术实现设计意向；竣工验收阶段是将施工的结果进行验收的阶段，这个阶段须根据验收的结果绘制竣工图纸，进行备案。三个阶段是按照顺序进行，相互联系的。

（一）概念及方案设计阶段

1. 概念设计

概念设计是根据业主的要求进行的效果最优化设计，设计可能比较夸张，设计理念往往比较先进，对实际施工过程的工艺及成本考虑相对较少。

概念设计是实现业主想法的设计过程，通过概念设计建立业主对设计区域的最初认识，形成业主与设计者之间的沟通。

2. 方案设计

方案设计是针对概念设计确定的效果进行更加实际的精细化设计。在方案设计阶段要将成本及工艺等内容融合在设计的范畴之内，进行比较和综合思考。在方案设计阶段要与业主进行多次沟通，在沟通的过程中寻求性价比较高、设计效果最能贴近概念设计的方案。方案经过确认后绘制施工图，施工图要求能够比较全面地说明设计的做法和相应的材质使用等问题，能够准确地指导施工实现设计成果。

（二）施工阶段

施工阶段是指按照施工图纸实现设计理念的过程。没有准确的施工，再好的设计方案也难以实现。施工阶段是方案设计阶段的延续，也是更具体的工作过程。

施工进场第一项是根据施工图的内容确定需要改造的墙体，对需要改造的墙体的尺寸、界限、形式进行标示。在业主书面确定的情况下，以土建方±1m 标高线上，上翻

50mm 作为装饰±1m 标高线，并以此为依据确定吊顶标高控制线。确定吊顶、空调出/回风口、检修孔的位置。施工进场前要依据施工图的重要内容进行确认和对照，施工人员和设计人员对图纸中不明确的地方进行敲定。

硬装工程指在现场施工中瓷砖铺贴、天花造型等硬性装修，这些是不能进行搬迁和移位的工程。这些硬装工程是整个室内设计中主要使用界面的处理过程，需要大量的人力和工时，是室内设计施工过程中的重要环节。一般根据硬装工程的工序进行施工程序的划分。

先根据龙骨位置进行预排线，定丝杆固定点，安装主龙骨，进行调平，然后安装次龙骨。根据轻钢龙骨的专项施工工艺进行精确的定位与安装。

石膏板、瓷砖等装饰材料在进行安装前，要进行定样，然后材料进场进行施工。小样的确认能便于甲方和施工方的沟通，保证整体设计的效果。石膏板吊顶要从中心向四周进行固顶封板，双层板需要进行错缝封板，防止开裂。转角处采用“7”字形封板。轻钢龙骨隔墙根据放线位置进行龙骨固定，封内侧石膏板用岩棉作为填充材料。

样板间中的木质材料（如细木工板、密度板）应涂刷防腐剂、防火涂料三遍。公共建筑的室内装修基材要采用轻钢龙骨，以满足防火要求。

瓷砖须从统一批号、同一厂家进货，根据施工图将瓷砖进行墙面、地面的排布，确认无误后订货。

地面要用 1∶2.5 的水泥砂浆进行找平，并注意找平层初凝后的保护。由于地面重新找平，地面上第一次放线后线被覆盖，要进行第二次放线。

涂饰工程施工前需要涂饰工做准备工作，涂料饰面类应用防锈腻子填补钉眼，吊顶、墙面先用胶带填补缝隙，先做吊顶、墙面的阴阳角，然后大面积地批腻子；粘贴类应在粘贴前四天刷清漆，在窗框、门框等处贴保护膜，防止交叉污染。

湿作业应在木饰面安装前完成，注意不同材质的交接处。条文及图案类墙纸要注意墙体垂直度及平整度的控制。工程中应注意各工种的交接与程序，避免对成品造成破坏。

瓷砖铺贴应注意对砖面层的保护，地面瓷砖用硬卡纸保护，墙面用塑料薄膜保护。地砖须进行对缝拼贴，从中心向四周进行铺设，或中心线对齐铺设，特别是地面带拼花的地面砖，要控制拼花的大小及范围。

木饰面安装一般都在工厂进行裁切，到场进行安装。组装完成后注意细节的修补，并进行成品保护。

地板铺贴应先检查基层平整度，然后弹线定位，进行铺贴。铺贴地板后及时进行成品保护。

墙体粘贴须提前三天涂刷清漆，铺贴前须将墙面湿润，根据现场尺寸进行墙纸裁切。

硬包应预排包覆板，于安装后进行成品保护。

玻璃一般情况下由工厂生产，到场后安装，然后进行打胶、调试。

马桶及洁具、浴盆的安装要按照放线进行对位。安装工程还包括灯具安装、五金件安装、大理石安装、花格板安装及控制面板安装。

（三）竣工验收阶段

在竣工验收阶段要对细节进行检查，及时对工程中的遗漏之处进行修补，进行竣工验收准备以及清理。

验收环节包括水电、空调管线在吊顶安装前是否完成隐蔽工程的调试，工程收口处的处理是否整齐，瓷砖铺贴对缝是否平直，墙纸对缝图案是否完整，五金件、门阻尼、插口是否使用方便。

验收合格后要及时绘制竣工图纸，对装饰装修工程进行说明，并通过竣工图纸进行表述。竣工图纸要进行相应的备案，便于日后维修进行查阅。

第二节　室内设计的材料构造与采光照明

一、室内设计的材料构造

（一）室内设计材料

材料的力学性能和机械性能表现为材料的强度、弹性和塑性、冲击的韧性与脆性以及材料的硬度和耐磨性。其中，材料的强度是指材料对抗外力的能力。弹性是材料在外力的作用下会产生变形，之后能够恢复至原来形状的性能。钢材和木材都具有一定的弹性，使用标准是能够承受较大变形而不会被破坏。脆性是材料遭冲击变形而被破坏的性能。硬度是材料局部抵抗硬物压入其表面的能力。耐磨性是材料抵抗磨损的能力，在地面材质的应用中耐磨性能尤为重要。

根据类别不同，材料可分为木材、板材、石材、玻璃、瓷砖等几大类。

1. 木材

木材在室内设计中经常使用，除了木材自身色彩和花纹装饰效果好之外，木材易于加工、取材方便的特点也使之成为室内装饰中的重要材料。木材的种类很多，不同的空间可以选择不同的木材。

2. **板材**

板材常用规格为长 2. 44m、宽 1. 22m。常用厚度有 3mm、5mm、6mm、9mm、12mm、15mm、16mm、18mm、25mm。市场上比较常见的板材有细木工板、密度板、刨花板、集成材、实木颗粒板和多层实木板。为了装饰外表面，还有防火板等板材形式。

3. **石材**

在室内设计中，经常使用的石材有大理石、花岗石和人造石材。

4. **玻璃**

常用玻璃根据使用特点可分为平板玻璃、装饰玻璃和特种玻璃三大类。

5. **瓷砖**

瓷砖按照其制作工艺及特色可分为釉面砖、通体砖、抛光砖、玻化砖及马赛克瓷砖。不同特色的瓷砖有各自的用途和特点，可以根据功能需要和风格的要求进行选择和使用。

（二）室内设计构造

在室内设计中，构造节点主要包括天花的构造、墙面的构造、楼地面的构造以及细部的构造四个方面。由于室内设计施工工艺及使用材料比较多样，相对于建筑设计，室内设计中的构造节点较多。构造节点位置不同，所采用的处理形式也有所不同，在实际应用中构造形式灵活性较强，工艺更新速度较快。

1. **天花的构造**

天花根据构造形式主要分为直接式天花和悬吊式天花。直接式天花是指在屋面或楼面的结构底部直接进行处理的天花，这种天花构造比较简单。悬吊式天花是通过吊筋、龙骨等进行悬吊塑造的天花，这种天花造型比较复杂，装饰效果好，适用范围比较广泛，在公共空间和高档居住空间中都可以应用。

2. **墙面的构造**

墙面装饰从构造的角度可以分为抹灰类、粘贴类、钩挂类、贴板类、裱糊类、喷涂类六大类。每一类在基层与找平层的处理上均有很大的相似之处，在面层和结合层的处理上则有各自的特点。

3. **楼地面的构造**

楼地面一般由基层、垫层和面层三部分组成。地面基层多为素土或加入石灰、碎砖的夯实土。面层又可以称为表层，即承受各种物理和化学作用的表面层。根据面层的不同，楼地面可以大致分为陶瓷类地面、石材类地面、木质地面、塑胶类地面等。

4. 细部的构造

室内设计除了天花、墙面和楼地面之外，其他部位的构造比较多，隔墙、隔断、楼梯栏杆与扶手以及家具台柜等都是室内细部的重要组成部分。

二、室内设计的采光照明

在物理学中，光是一种电磁波，是一种能的特殊形式，而不可见光则不能被肉眼直接感受。人们在认识世界时，80%的信息量来源于视觉，没有光就无法感知外界物体的形状、大小、明暗、色彩、空间和环境。

（一）常用光源的种类

1. 自然采光

自然光由直射地面的阳光和天空光组成。自然采光节约能源，贴近自然，使人在视觉上、心理上感觉更为舒适和习惯。从设计的角度来看，采光部位、采光口的面积大小和布置形式将影响室内采光效果。

2. 人工光源

在照明设计中，光源根据发光原理的不同，可以大致分成三种方式：热辐射发光、气体放电发光、电致发光。

（1）热辐射发光

即利用电流将物体加热至白炽状态而发光的光源，主要有白炽灯、卤钨灯。

（2）气体放电发光

这类光源主要利用气体放电发光，根据光源中气体的压力又可分为低压放电光源和高压放电光源。前者主要有荧光灯和低压钠灯，后者主要有金属卤化物灯和高压钠灯。

（3）电致发光

即将电能直接转换为光能的发光现象，主要指 LED 光源和激光。

（二）室内常用的人工光源

1. 白炽灯

白炽灯是最普通的灯具类型，光色偏橙，显色性好，色温低，发光效率较低，使用寿命较短，装卸方便。是居住空间、公共空间照明的主要光源。

2. 卤钨灯

卤钨灯属于热辐射光源，利用卤钨循环的原理提高光效和延长使用寿命，广泛应用于大面积照明和定向照明的场所，如展厅、广场等。

3. **荧光灯**

荧光灯是一种低压放电光源，管壁涂有荧光物质，常用的T8型荧光灯瓦数主要有18W、30W、36W几种。瓦数越大的荧光灯，灯管长度越长。一般T8型荧光灯的平均寿命为6000h左右。

4. **紧凑型荧光灯**

紧凑型荧光灯又称为节能灯，自问世以来就以光效高、无频闪、无噪声、节约电能、小巧轻便等优点而受到青睐。

5. **钠灯**

钠灯是利用钠蒸气放电发光的气体放电灯。钠灯的光色呈橙黄色，适用于大面积照明，如广场照明、泛光照明、道路照明等。

6. **发光二极管**

发光二极管简称LED，具有体积小、功率低、高亮度、低热、环保、使用寿命长等特点。发光二极管已被广泛地应用于商业空间照明以及建筑照明等。

（三）室内常用的照明灯具类型

室内照明灯具按其安装方式，一般分为固定式灯具和可移动灯具。

1. **固定式灯具**

固定式灯具是不方便移动的灯具，包括嵌入式灯具和明装灯具两类。嵌入式灯具主要包括嵌入式筒灯、嵌入式射灯等；明装灯具包括明装筒灯、明装射灯、吸顶灯、吊灯等。

2. **可移动灯具**

可移动灯具主要是指台灯和落地灯，普遍用于局部照明。可移动灯具灵活性强，可以满足各类空间环境的布灯需求。

（四）室内照明环境设计

人的工作、学习、休闲、休息等行为都是在室内空间完成的，而室内灯光能否满足空间使用要求，能否创造舒适的环境都直接影响着室内空间的环境质量。在进行室内照明设计时，应根据室内空间的使用功能选择不同的布光方式。

室内照明的首要目的是在充分利用自然光的基础上，运用现代人工照明的手段为空间提供适宜的照度，以便使人们正确识别所处环境的状况；其次是通过对建筑环境的分析，结合室内装饰设计的要求，选择光源和灯具，利用灯光创造满足人们生理与心理需求的室内空间环境。

（五）影响室内光环境质量的因素

在照明设计时，只有正确处理好以上各要素的关系，才能获得理想的、高质量的照明效果。

1. 照度

作为衡量照明质量最基本的技术指标之一，照度不同给人带来的视觉感受也不同，因此合理的照度分配显得尤为重要。首先要考虑照度与视力的关系，照度太高容易使人过于兴奋，照度太低容易使人产生视觉疲劳；其次要考虑被观察物的大小以及被观察物与其背景亮度的对比程度。

2. 照度的均匀度

室内照度的分布应该具有一定的均匀度，否则人眼会因照度不均而产生视觉疲劳。因此，室内空间中灯具的排列形式和光源照度的分配尤为重要。

3. 亮度分布

光源亮度的合理分布是创造室内良好光照环境的关键。亮度分布不均匀会引起视觉疲劳；亮度分布过于均匀又会使室内光环境缺少变化。相近环境的亮度应当尽可能低于被观察物的亮度，这样视觉清晰度较好。

4. 光色

光色是指光源的颜色，生活中一般接触到的光色为2700～6500K。高色温呈现冷色，色温不宜高于4000K，如在办公空间、教室、医疗空间中适宜用冷色光源；商业空间适宜采用暖色光源，以营造热闹的气氛。

5. 显色性

显色性就是指不同光谱的光源照射在同一颜色的物体上时，呈现不同颜色的特性。物体的表面色的显示除了取决于物体表面特征外，还取决于光源的光谱能量分布，不同光源可使物体表面呈现不同颜色。

6. 眩光

眩光通常分为直接眩光和反射眩光，灯具数量越多，越容易造成眩光。为避免造成眩光，可选用磨砂玻璃或乳白色玻璃的灯具，可在灯具上做遮光罩。同时应选择合适高度安置灯具，布光时适当提高环境亮度，减小亮度对比。

7. 光影效果

被照物在光线的作用下会产生明暗变化，可以低照度的漫射暖光作为环境照明，再以合适角度和照度的射灯形成清楚的轮廓和明确的光影关系，来突出实体的形态和质感。当灯光的光强、照射距离、位置和方向等因素不同时，光影效果产生变化，物体就会呈现出不同的形态和质感。借助灯光的作用，界面装饰造型的体积感得以加强，形成优美的光影效果。

（六）照明与空间设计的完美结合

室内设计是通过其涉及的一切门类和分项工作的共同作用实现对室内空间的调整与完善。在这些分项工作中，空间设计与照明设计具有“形”与“神”的关系。

1. 主次分明

室内空间有主有次，为凸显主要空间的主导地位，在照明的组织方式、灯具的配光效果等方面应做到主次分明。主要空间的照明设计可丰富，次要空间的照明设计要适当降低其丰富度，形成光环境的主次差别。但要遵循与主要空间统一的原则，不可以相差甚远。

2. 满足空间公共性和私密性照度要求

空间照明应与空间使用对象的特征相符合，不同区域的照度按功能进行区别对待，形成既满足使用要求又具有节奏感的光环境。提高照度，可以满足人流集中和流动性强的空间的需求；适当降低照度，可以给人以宁静、舒适的感觉，满足人们对私密性的需求，如西餐厅、洽谈区、卧室。

3. 增强空间的流通性

人的活动具有秩序性。照明设计不仅要明确功能分区，还要对空间序列和空间中人的动态分布有所体现。空间流通性的体现手法要视各功能空间或功能区之间的界定方式而定，通常可通过灯具的布置形式、照度变化、光通量分布变化、光源色变化等手段来增强空间的流通性。

4. 利用灯光效果改善空间的尺度感

在对小面积的空间进行照明设计时，应采取均匀布光的形式提供高亮度照明，使人产生空间扩大感（空间观感大于真实尺度）。对于低矮顶棚，可采用高照度的照明处理使空间的纵向延伸感得到加强。对于走廊，可在墙面进行分段亮化处理，以减弱走廊的深邃感。

第三节　室内设计的家具陈设与庭院绿化

一、室内设计的家具陈设

（一）室内设计的家具

家具自产生以来，就与人们的生活息息相关。人们无论是居住还是学习、工作、休闲娱乐等，都离不开家具。据资料统计，绝大多数人在家具上消磨的时间约占全天时间的2/3，因此人们对家具的舒适性和艺术性的要求越来越高。同时，家具的风格、形态也影响着室内空间环境效果。家具的造型与布置方式对室内环境效果有着重要影响。

1. 家具的发展演变

（1）中国传统家具

中国是历史悠久的文明古国，在历史上形成了丰富的家具形态。从商周时期直至明清时期，中国传统家具的发展大致分为四个阶段。

第一个阶段是商周至三国时期。当时，人们以席地跪坐方式为主，因此家具都很矮，此时是低矮型家具的盛行时期。

第二个阶段是两晋、南北朝至隋唐时期。由于多民族文化的融合，当时形成了矮型家具和高型家具并存的局面。从古代书画、器具图案中可以看出，当时凳、椅、床、榻等家具的尺度已被加高。五代时，家具在类型上已基本完备。

第三个阶段是宋元时期。由于垂足而坐代替席地而坐成了固定的坐姿，供垂足坐的高型家具占主导地位并迅速发展。从绘画和出土文物中可以看出，宋代高型家具的使用已相当普遍，高案、高桌、高几也相应出现，还出现了专用家具，如琴桌、棋桌等，家具造型优美，线脚形式丰富。宋代的家具燕几有可以随意组合、变化丰富的特点。元代家具在宋代家具的基础上有所发展。

第四阶段是明清时期。经济的发展促进了城市的繁荣，同时带动了中国传统家具行业的发展，形成了东方家具特有的艺术风格。在装饰上，求多、求满，常运用描金、彩绘等手法，使家具呈现出华丽的效果。“福”“禄”“寿”“喜”等一些汉字纹都可直接加以应用。

（2）西洋家具

西洋家具在发展过程中也经历了一段漫长的过程，这里对古代家具、中世纪家具、文艺复兴时期家具、巴洛克式家具、洛可可式家具、新古典主义时期家具及近现代家具的风格进行简要介绍。

①古代家具

古埃及家具多由直线组成，支撑部位为动物腿形，底部再接以高的木块，使兽脚不直接与地面接触，显得粗壮有力，更具装饰效果。在古埃及时已经开始注意家具的保护，如家具表面涂有油漆或用石片、象牙等镶嵌装饰。

由于受到建筑艺术的影响，古希腊家具腿部造型常采用建筑柱式，或用优美的曲线代替僵直的线条，多采用精美的油漆涂饰，与古埃及家具相比显得自由活泼。

虽然古罗马时期木质的家具所剩无几，但仍有一些铜质家具保存下来，呈现出仿木家具的华贵。雕刻内容以人物、植物居多，雕刻精细、华美。折凳在这一时期具有特殊地位，这种座椅腿部呈“X”形交叉状并带有植物纹样的雕刻，覆上坐垫，象征着权势。古罗马人善于用织物作为家具的配饰，如可以起到分隔空间作用的帷幔等。

②中世纪家具

随着罗马帝国分裂，西罗马灭亡，东罗马成为拜占庭帝国。拜占庭帝国继承和发扬了古罗马的文化，同时受到东西方两种文化的影响。此时的家具沿袭了古罗马的形式，但造型由古罗马时期的曲线改为直线形。受东方文化影响，出现了用丝绸做成的家具的衬垫且图案有明显的东方艺术风格。

③文艺复兴时期家具

文艺复兴原意是对古典艺术的复兴，因此在这一时期，家具的造型、装饰手法受到了古希腊、古罗马时期的造型、装饰手法的影响。早期家具具有纯美的线条、协调的古典式比例和优美的图案，流行以木材为基材进行雕刻装饰并镀金。后期常采用深浮雕、圆雕装饰，偶尔镀金。文艺复兴提倡人文主义精神，强调以人为中心而不是以神为中心，富有人情味的自然题材。

④巴洛克式家具

如果说文艺复兴时期的家具具有高雅的古典风范，那么巴洛克风格的家具则以浪漫主义为出发点，追求的是热情奔放、富于动感、繁复夸张的新艺术境界，其最大的特点是使富于表现力的细部相对集中，简化不必要的部分，注重家具自身的整体结构。大量的曲线，复杂的雕刻，丰富的装饰题材。温馨的色调都是这一时期的家具的特点。

⑤洛可可式家具

18 世纪 30 年代，巴洛克风格逐渐被洛可可风格取代，洛可可式家具以其功能的舒适性和优美的艺术造型影响着欧洲各国。洛可可式家具造型纤细优美，常采用 S 形曲线、涡卷形曲线，以贝壳、岩石、植物等为主要装饰题材，常见的装饰手法有雕刻、镶嵌、油漆、彩饰、镀金，整体呈现出女性化的精致、柔美的特点。

⑥新古典主义时期家具

巴洛克风格与洛可可风格发展到后期逐渐脱离家具的结构理性，重装饰而轻功能。在这样的背景下，以重视功能性、简洁的线条、古朴的装饰为主要特色的新古典主义风格逐渐开始流行。直线和矩形是这个时期的造型基础，家具腿部线条采用向下收缩的处理手法，并雕有直线凹槽。玫瑰、水果、植物、火炬、竖琴、柱头、人物等都是这一时期常见的装饰元素。新古典主义时期的家具意在复兴古典艺术，但不是仿古或照搬，而是运用现代的手法和材质重现古典气质。

⑦近现代家具

19 世纪工业革命后，西方率先进入了工业化时期。新材料、新工艺的产生使设计师原有的设计思路发生转变，家具的材料求新、造型求变已经成为当时的设计热潮。从这时开始，设计界存在两种设计思路：一种是走用手工技能创造新形式的路线，反对传统风格，追求一种可以代表这一时代的简单朴实、乡土气息浓厚的新家具形式；另一种是走工业化生产家具的路线，运用新技术将家具简化到无法再简化的程度。在这两种思潮的推动下，先后兴起了“工艺美术运动”“新艺术运动”“风格派”“包豪斯学派”“国际风格派”。

2. 家具的尺度、分类和作用

（1）家具的尺度

空间中的主体是人，人的生理、心理以及情感都将作为设计的主要依据。因此，家具的设计、布置必须考虑人的生理尺度和心理尺度，遵循人的活动规律，使人在使用时感到舒适、安全、便捷。

为了使家具更适宜人的使用，研究人员对人体各部位的尺寸进行计测，观察人在生活、学习、工作、休闲等场所的行为方式，研究人与各类家具的接触部位和接触频率。为家具设计提供精确的数据参考，从而确定家具的造型、尺度以及家具与室内环境之间的关系。

（2）家具的分类

第一，根据用途分类，家具可分为实用性家具和装饰性家具。实用性家具按家具功能分为坐卧类家具、储存类家具、凭倚类家具、陈列性家具。

①坐卧类家具：供人们休息使用，起到支撑人体的作用，包括椅、凳、沙发、床等。

②储存类家具：储存物品、划分空间，包括柜、橱、架等。

③凭倚类家具：供人们工作、休息使用，起到承托人体的作用，包括桌、台、几等。

④陈列性家具：摆放和展示物品，包括陈列柜、展柜、博古架等。

装饰性家具可点缀空间，供人欣赏，包括花几、条案、屏风等。

第二，根据结构形式分类，家具可分为以下几种类型：

①框架结构家具：我国传统的家具采用框架作为支撑结构，材料一般选用实木。

②板式家具：这是以人造板材为基材进行贴面工艺制成的家具。板式家具具有拆装容易、造型富于变化、不易变形、质量稳定等优点。

③拆装家具：突破了以往框架结构家具的固定和呆板的模式，充分发挥人的想象空间，体现了个性化、实用化的家居理念。其最大优点是容易拆装、组合，并且方便运输，还能节省保存空间。

④折叠家具：突破传统设计模式，通过折叠可以减少体量较大物品所占的空间。功能多样，使用灵活自如，便于携带，适用于小面积室内空间。

⑤充气家具：内置块状气囊，外罩面料种类较多，携带和存放极为方便。

多功能组合家具：该类家具功能转换快，可以满足不同功能要求，灵活性好，可以瞬间释放空间。

第三，根据使用材料分类，家具可分为以下几种类型：

①木、藤、竹质家具：主要部件由木材或人造板材、藤竹制成，纹理自然，有浓厚的乡土气息。

②塑料家具：主要部件由塑料制成，造型线条流畅，色彩丰富，适用面广。

③金属家具：一般指由轻质的钢和各种金属材料制成的家具，其特点是材料变形小，但加工困难。

④玻璃家具：玻璃家具一般采用高硬度的强化玻璃和金属框架，由于玻璃的通透性可以减少空间的压迫感，适用于面积较小的房间。

⑤石材家具：石材家具多选用天然大理石、人造大理石。天然大理石色泽透亮，有天然的纹路；人造大理石花纹丰富。石材制作的家具以面板和局部构件居多。

⑥软体家具：软体家具主要包括布艺家具和皮制家具，因舒适、美观、环保、耐用等优点越来越被人们所重视。

（3）家具的作用

①限定空间

在室内空间中，除墙体可以限定空间外，家具也具备限定空间，提高室内空间使用率和灵活性的功能。

②组织空间

在室内空间中，按照空间功能分区划分，将与之相适应的家具布置其中，虽然不同功能分区之间没有明显边界，但是可以体现出空间的独立性并被人感知。

③营造氛围

家具既有实用功能，又有观赏功能。家具的风格、造型、尺度、色彩、材质要与室内环境相适应，从而创造出理想的空间环境。

3. 家具的布置原则

（1）室内家具布置要考虑家具的尺寸与空间环境的关系

在小空间中应当使用具有整合性的家具，如果使用过大的家具就会使整个空间显得比较狭小，而在较大空间中使用比较小的家具会使空间比较空旷，容易使人产生不舒适的感受。因此，在室内设计中应根据家具的尺寸与空间环境进行比较切合的搭配，使空间与家具相得益彰。

（2）家具的风格要与室内装饰风格相一致

家具的风格要与室内整体风格相一致，以使整体风格得到充分体现。在现代设计中，有折中主义和混搭主义，综合运用各种风格，但仅适用于特殊的空间环境。

（3）家具要传递美的信息，使人在使用的同时获得美的享受

家具也随着技术的更新发生变化，家具的款式和造型也不断更新。家具的舒适度不断得到提升，人在使用家具的同时，享受着家具带来的视觉美感和使用的舒适感。

4. 家具的布置方式

（1）按家具在空间中的位置划分

①周边式

布置时避开门的位置，沿四周墙体排列，留出中间位置来组织交通，为其他活动提供较大面积。此种布置方式节约空间面积，适合面积较小的空间。

②岛式

与周边式相反，室内中心部位布置家具，四周作为过道。此种布置方法强调家具的重要性和独立性，中心区不易受到干扰和影响，适合面积较大的空间。

③单边式

仅在空间中的一侧墙体集中布置家具，留出另一侧空间用来组织交通，适合小面积空间。

④走道式

空间中相向的两侧墙体布置家具，留出中间作为过道，交通对两边都有干扰，适用于人流较少的空间。

⑤悬挂式

为了提供更多的活动空间，开始向空中布置家具。悬挂式家具与墙体结合，使家具下方空间得到充分利用。

（2）按空间平面构图关系划分

①对称式

空间中有明显的轴线，家具呈左右对称布置，适用于庄重、严肃、正规的场合。

②非对称式

家具在空间中按照形式美的法则灵活布置，显得活泼、自由，适用于轻松的休闲场所。

（二）室内设计的陈设

就广义而言，陈设是指室内空间中除固定建筑构件以外所有具备实用性和观赏性的物品。陈设以其丰富的形式占据了绝大部分空间环境，能够烘托空间气氛，达到装饰空间的目的。良好的室内陈设能陶冶人们的心性，调节人们的情绪。

1. 室内陈设的分类

（1）功能性陈设

功能性陈设指既具有一定使用价值又有一定观赏作用和装饰作用的陈设品，如家具、灯具、织物、器皿等。

（2）装饰性陈设

装饰性陈设重装饰轻功能，主要用来营造空间意境，陶冶人的情操，如艺术品、工艺品、纪念品、收藏品、观赏性动植物等。

2. 室内陈设的布置原则

（1）统一格调

陈设品的种类繁多，风格多样，如果不能和室内其他陈设协调，必会导致其与室内环境风格相冲突，从而破坏环境整体感，因此布置时要注意统一格调。

（2）尺度适宜

为使陈设品与室内空间拥有恰当的比例关系，必须根据室内空间大小进行布置。同时，必须考虑陈设品与人的关系，避免失去正常的尺度感。

（3）主次分明

布置陈设品时，要在众多陈设品中尽可能地突出主要陈设品，使其成为室内空间中的视觉中心。使其他陈设品起到辅助、衬托的作用，从而避免造成杂乱无章的空间效果。

（4）富于美感

绝大部分室内陈设的布置是为了满足人们审美需求和精神享受，因此在布置时应该符合形式美法则，而不只是填补空间布局。

3. 室内陈设的陈列方式

（1）墙面陈列

墙面陈列指将陈设品以悬挂的方式陈列在墙上，如字画、匾联、浮雕等；布置时应注意装饰物的尺度要与墙面尺度和家具尺度相协调。

（2）台面陈列

台面陈列指将陈设品摆放在桌面、柜台、展台等台面上进行陈列的方式。布置时可采用对称式布局，显得庄重、稳定，有秩序感，但欠缺灵活性；也可采用自由式布局，显得自由、灵活且富于变化。

（3）悬挂陈列

在举架高的室内空间，为了减少竖向空间的空旷感，常采用悬挂陈列。例如，吊灯、织物、珠帘、植物等。布置时应注意所悬挂的陈设品不能对人的活动造成影响。

（4）橱架陈列

因橱架内设有隔板，可以搁置书籍、古玩、酒、工艺品等物品，因此具备陈列功能。对于陈设品较多的空间来说，橱架陈列是最实用的形式。布置时宜选择造型、色彩简单的橱架，布置的陈设宜少不宜多，切不可使橱架有拥挤的感觉。

（5）落地陈列

落地陈列适宜体量较大的装饰物，如雕塑、灯具、绿化等，适用于大型公共空间的入口或中心，能够起到空间引导的作用。布置时应注意避开人流量大的位置，不能影响交通。

二、室内设计的庭院绿化

室内庭院是指被建筑实体包围的室内景观绿化场地，是综合运用景观绿化、堆山筑石、室内水景、景观小品等手段在室内形成的园林景观。室内庭院与绿化的设计在现代设计中占有重要地位，是现代设计中营造室内空间氛围的重要手段。按内容划分，室内庭院绿化可以分为室内绿化、室内山石、室内水景和景观小品四个部分，要根据不同的内容进行不同形式的室内空间环境的营造。

（一）室内绿化

1. 室内绿化的作用

室内绿化不同于室外景观环境的设计，室内空间范围有限，植物的高度和生长习性都会受到限制。由于植物特征不同，一些植物可能会散发出不适于人长期接触的气体，在植物种类的选择上要有所取舍。在室内设计中，室内绿化要从以下方面进行考虑。

（1）功能性

①净化空气，改善室内生态环境。植物可以吸收空气中的有害气体，对空气起到净化作用，形成富氧空间。同时，植物可通过叶子吸热和水分蒸发调节室内温度和湿度。

②对室内空间进行组织和强化。利用花池、花带、绿墙等对室内空间进行线状或面状的分隔限定，使被限定和被分隔的空间互不干扰。

③有利于空间的视线引导。绿化具有很强的观赏性，常能引起人们的注意，因此在入口两侧、空间的转折处、空间的过渡区域布置绿化能够起到暗示空间和视线引导的作用。

（2）观赏性

室内绿化的观赏性体现在植物自身的色彩、形态等具有自然美，特别是一些赏花及观叶植物能够带给人们愉悦感，一些绿植及花卉的特殊寓意能够给人一种心理上的暗示。

2. 室内绿化植物的选择

室内植物应从两个方面选择：一方面要选择合适的植物。植物的种类繁多，其形态、色彩等千差万别，受到传统文化观的影响，某些植物还具有一定的象征意义，因此要选择和室内空间环境相协调的植物，这样除了可以起到装饰的作用外，还可以陶冶情操，满足人们的精神需求；另一方面，要根据室内环境选择植物。植物的生长需要阳光、空气、土壤以及适宜的温度和湿度，设计时应熟悉植物的生长特性，根据室内的客观条件，合理地选择和布置。

（1）按生长状态划分

①乔木

主干与分枝有明显区别的木本植物。乔木有常绿、落叶、针叶、阔叶等区别，因其体形较大，枝叶茂密，在室内宜作为主景出现，如棕榈树、蒲葵、海棠等。棕榈树竖向生长趋势明显，适用于室内空间净高较高的场所；蒲葵水平生长趋势明显，适用于比较开阔的空间。在室内植物种类的选择上，应根据空间特征和植物生长特性进行选择。

②灌木

与乔木相比，灌木的体形矮小，是没有明显主干、丛生的树木。其一般为常绿阔叶，主要用于观花、观果、观枝干等，室内常见灌木有鹅掌柴等。在室内庭院中，灌木可以起到点缀、美化空间的作用，更适用于餐饮及办公空间的绿化。

③藤本植物

藤本植物不能直立，茎部弯曲细长，须依附其他植物或支架，向上缠绕或攀缘。藤本植物多用作景观背景，室内常见藤本类植物有黄金葛、大叶蔓绿绒等。

④草本植物与木本植物相比，植物体木质部不发达，茎质地较软，通常被人们称为

草，但也有特例，如竹。室内常见草本植物有文竹、龟背竹、吊兰等。草本植物在室内被广泛使用，成活率高，装饰效果好，成本较低。

（2）按植物观赏性划分

①观叶植物

一般指叶形和叶色美丽的植物。大多数观叶植物耐阴，不喜强光，在室内正常的光照和温湿度条件下也能长期呈现生机盎然的姿态，是室内主要的植物观赏门类。常见的有吊兰、芦荟、万年青、棕竹等。

②观花植物

指以观花为主的植物。花的种类繁多，花色各不相同，装饰效果突出。常见的有水仙、牡丹、君子兰等。

③观果植物

主要以观赏果实为主的植物。常用以点缀景观，弥补观花植物的不足，能产生层次丰富的景色效果。观果植物的选择应首要考虑花果并茂的植物，如石榴、金橘等。

3. 室内绿化的布置

（1）室内绿化的布置原则

①美学原则

室内绿化布置应遵循美学原理，通过设计合理布局，协调形状和色彩，使其能与室内装饰联系在一起，使室内绿化装饰呈现层次美。

②实用原则

室内绿化布置必须符合功能要求，使装饰效果与实用效果统一。在选择上，应根据地域特点及温湿度特点，避免因选择不当造成植物死亡而导致成本增加。

③经济原则

室内绿化布置要考虑经济性原则，即在强调装饰效果的同时，还要考虑其经济性，使装饰效果能长久保持。

（2）室内绿化布置分类

室内植物大多采用盆、坛等容器栽植，栽植容器可分为移动式和固定式。移动式绿化灵活方便，可以在室内任意部位布置，但大型植物的栽植难度较大；固定式绿化则相反，被固定在室内特定地方，可以栽植较大型的植物，较适用于大型空间。从植物组合方式分类，还可分为孤植、对植、列植、丛植和附植。

①孤植

孤植是室内常采用的绿化布置形式。选择形态优美、观赏性强的植物置于室内主要空间，形成主景观，也可以置于室内一隅或空间的过渡处，起到配景和空间引导的作用。

②对植

对植主要用于交通空间两侧等处，按轴线对称摆放两株植物，对空间起到视线引导的作用。布置时应注意选择形态相近的植物，以对植形式进行设计的植物须前后或左右排列，在视觉效果上给人一种呼应感。

③列植

选取两株以上相同或相近的植物按照一定间距种植，可以形成通道以组织交通，引导人流，也可以用于划分空间。栽种方式可以选择盆栽或种植池。

④丛植

一般选用3~10株植物，并将其按美学原理组合起来，主要用于室内种植池，小体量的也可用盆栽来布置。对植物的种类并无要求，但要注意既要体现单株美感，又要体现形成组合的整体美感。

⑤附植

藤本植物、草本植物由于植物本身的特点，布置时经常依附在其他植物或构件上，这种植物布置方式称为附植，包括攀缘和垂吊两种形式。攀缘种植形态由被附着的构件形态决定，因此可以给设计师更大的想象空间，如常春藤、龟背竹等；垂吊种植是将容器悬挂在空中，植物从容器中向下生长，如吊兰、天门冬等，适用于举架高的室内空间。

⑥水生种植

按生长状态，水生植物分为挺水植物、漂浮植物、浮叶植物和沉水植物。根据各自生长特点，其种植方式有水面种植、浅水种植、深水种植三种。为获得较为自然的水景，常常三种种植方式组合运用。

（二）室内山石

在室内空间中使用山石造景，意在将自然景观用艺术的手法融入室内空间中。掇山置石是室内山石景观常用的表现形式，常配以水景和植物。石材给人的感觉坚硬、稳重，在空间中可以起到呼应植物、模拟自然景观形态的作用。

1. 掇山

掇山是用自然山石掇叠成假山的工艺过程，是艺术与技术高度结合的创作手法。掇山整体性要强，主次要分明，在远近、上下等方面要体现空间层次感，以满足不同角度的观景要求。同时，要注意与周围水体和植物相呼应。

2. 置石

山石在造景过程中除了可以掇山外，还可以散落布置，称为置石。按山石的摆放位置，置石可分为特置、对置和散置。

（1）特置

选择形态秀美或造型奇特的石材布置在空间中，作为空间的构景中心，营造良好的空间环境氛围。

（2）对置

在空间边缘处对称布置两块山石，以强调空间边界和用于视线引导。

（3）散置

将山石按照美学原理散落地布置在室内空间中，既不可均匀整齐，又不可缺乏联系，要有散有聚，疏密得当，彼此相呼应，具有自然山体的情趣。

（三）室内水景

水是生命之源，自古以来人类就择水而居，可见水对人类的影响深远。自然界中水体有静态、动态之分，自然山水园林注重动态的水景景观表现形态，室内空间中的水景常选择静态或动静结合的表现形态。

1. 静态的水

静态的水通常指相对静止的水，可以营造宁静悠远的意境。室内空间中静水常以池的形式表现，可营造两种水景景观：一种是借助水的自身反射特点映出虚景，利用倒影增加空间的景观层次；另一种是以水为背景，水中放置水生生物，可置石、喷泉、架桥等，以烘托气氛。按水池的形状可分为规则式和自然式。

（1）规则式水池

规则式水池是由规则的直线或曲线形岸边围合而成的几何式水体，如方形、矩形、多边形、圆形或者几何形组合，多用于规则式庭园中。

（2）自然式水池

自然式水池模仿自然山水中水的形式，水面形状与室内地形变化保持一致，主要表现水池边缘线条的曲折美。

2. 动态的水

由于受到重力的作用，由高处流往低处或者呈现流动状态的水称为动态的水。室内空间中动态的水常以喷水、落水的形式出现。

（1）喷水

喷水是指利用压力使水自喷嘴喷向空中，再以各种方式落下的形式，又称喷泉。水喷射的高度、水量以及喷射的形式都可以根据设计需要自由控制。随着技术的进步，在喷泉中加入声、光的处理，极大地丰富了喷泉的造景效果。

（2）落水

流水从高处落下称为落水，包括瀑布、叠水、溢流。

①瀑布

地质学上称为跌水，即水从高处垂直跌落。室内瀑布形式又分为自由落水式瀑布、水幕墙。自由落水式瀑布是仿照自然瀑布形式，以假山石为背景，上有源口，下有水池。为防止落水时水花四溅，通常瀑布下方水池宽度不小于瀑身的2/3。水幕墙是指在墙体顶端设水源，水流经出水口顺墙而下的瀑布形式。水幕的透明性不仅能透射出墙壁的图案、色彩、质地，还能使墙壁因水流而呈现出不同的纹理特征。

②叠水

流动的水呈阶梯状层层叠落而下的水景，其随阶梯的形式变化而变化，可以产生形状不同、水量不同的叠水景观。

③溢流

水满后往外溢出的水处理形式。人工设计的溢流形态取决于池的形状、大小和高度，如直落而下则成为瀑布，沿阶梯而流则成为叠水，也有将器物设计成杯盘状，塑造一种水满外溢的溢流效果。

（四）景观小品

景观小品通常指在室内庭院中供休息、照明、装饰、展示之用的环境设施，其特点是体量较小，具有一定的实用功能，在空间中起点缀作用。常用的室内景观小品有座椅、桥、亭、灯具、雕塑、指示牌等。景观小品可以根据使用者的不同来选择，以体现使用者的文化修养和审美意趣。

第四节　室内环境的装饰设计

一、室内软装饰风格的发展

软装饰是室内环境设计的灵魂，对室内软装饰设计的研究，除理论概述外，还包括其发展的历史、现状、趋势以及多样的风格。

当前，个性化与人性化设计日益受到重视，这一点尤其体现在软装饰设计上。人性化环境必须处理好软装饰，要对不同消费者的不同背景进行深入研究，将人放在首位，以满足不同消费者的需求。从室内软装饰的发展和现状可以看出，室内软装饰设计呈现出以下几种趋势。

（一）注重个性化与人性化

个性化与人性化是当今的一个创作原则。因为缺乏个性与人性的设计不能够满足人们的精神需求，千篇一律的风格使人缺少认同感与归属感，所以塑造个性化与人性化的装饰环境成为装饰设计师的设计宗旨。

（二）注重室内文化品位

当今，室内空间的软装饰多在重视空间功能的基础上加入了文化性因素与展示性因素。如增添家居的文化氛围，将精美的收藏品陈列其中，同时使用具有传统文化内涵的元素进行装饰，使人产生置身文化艺术空间的感觉。

（三）注重民族传统

中国传统古典风格具有庄重、优雅的双重品质，墙面装饰着手工织物（如刺绣的窗帘等），地面铺手织地毯，靠垫用缎、丝、麻等材料做成。这种具有民族风格的装饰使室内空间充满了韵味，这也是室内软装饰设计所要追求的本质内容。

（四）注重生态化

科技的发展为装饰设计提供了新的理论研究与实践契机。现代室内软装饰设计应该充分考虑人的健康，最大限度地利用生态资源创造适宜的人居环境，为室内空间注入生态景观，这已经是室内软装饰设计必不可少的一个装饰惯例。有效、合理地设置和利用生态景观是室内软装饰设计必须充分考虑的因素，这就要求设计师能够将室内空间纳入一个整体的循环体系中。

二、室内软装饰的搭配原则与设计手法

（一）新古典风格

新古典风格以精致高雅、低调奢华著称，简洁的装饰壁炉、反光折射的茶色镜面、晶

莹奢华的水晶吊灯、花色华丽的布艺装饰、细致优雅的木质家具等组合在一起，创造出空间的尊贵气质，被无数家庭追捧。

新古典风格更多体现的是古典浪漫情怀和时代个性的融合，兼具传统和现代元素。一方面，它保留了古典家具传统的色彩和装饰方法，简化造型，提炼元素，让人感受到它浑厚的历史文化底蕴；另一方面，用新型的装饰材料和设计工艺去表现，体现出了时代的特色，更加符合现代人的审美观念。

1. 新古典风格软装饰的色彩搭配

在色彩搭配上，新古典风格多使用白色、灰色、暗红、藏蓝、银色等色调。白色使空间看起来更明亮，银色带来金属质感，暗红或藏蓝色增加了色彩对比。

2. 新古典风格细部软装设计

在设计风格上，装饰空间更多地表现了业主对生活和人生的一种态度。在软装设计中，设计师要能够敏锐地洞知业主的需求和生活态度，尽量结合业主的需求，将业主对生活的美好憧憬、对生活品质的追求在空间中淋漓尽致地展现出来。在墙面设计上，新古典风格多使用带有古典欧式花色图案和色彩的壁纸，配合简单的墙面装饰线条或墙面护板；在地面的设计上，多采用大理石拼花，根据空间的大小设计好地面的图案形态，用大理石的天然纹理形成图案。

（二）现代简约风格

简约风格的空间设计比较简练，提倡将室内装饰元素降到最少，但对空间的色彩和材料质感要求较高，旨在设计出简洁、纯净的时尚空间。

现代简约风格在材质的选择上范围更加宽泛，不再局限于石、木、藤等自然材质，更有金属、玻璃、塑料等新型合成材料，甚至将一些结构甚至钢管暴露在空间中，以体现结构之美。

（三）欧式风格

欧式风格是传统设计风格之一，泛指具有欧洲装饰文化艺术的风格，比较具有代表性的欧式风格有古罗马风格、古希腊风格、巴洛克风格、洛可可风格、美式风格、英式风格和西班牙风格等。欧式风格强调空间装饰，善于运用华丽的雕刻、浓艳的色彩和精美的装饰。

1. 拱形元素在欧式风格中的应用

拱形元素作为欧式风格的常用元素可用作墙面装饰。

2. 壁炉在欧式风格中的应用

壁炉在早期的欧式家居中主要为了取暖，后来随着欧式风格的逐渐风靡，壁炉逐渐演变成欧式风格中的重要装饰元素。

3. 彩绘在欧式风格中的应用

彩绘是欧式风格常用的一种装饰手法。在墙面造型中，一幅写实的油画可作为墙面背景，前面摆放装饰柜，搭配对称的灯具和花卉。

4. 罗马柱式在欧式风格中的应用

罗马柱式是欧式风格中必备的柱式装饰，其主要分为多立克柱式、爱奥尼柱式和科林斯柱式等。此外，人像柱在欧式风格中也较为常见。

（四）地中海风格

地中海风格追求的是海边轻松随意、贴近自然的精神内涵。它在空间设计上多采用拱形元素和马蹄形的窗户，在材质上多采用当地比较常见的自然材质，如木质家具、赤陶地砖、粗糙石块、马赛克瓷砖、彩色石子等。

地中海风格的形成与地中海周围的环境紧密相关，它的美包括大海的蓝色、希腊沿岸的白墙、意大利南部成片向日葵的金黄色、法国南部薰衣草的蓝紫色以及北非特有的沙漠、岩石、泥沙、植物等的黄色和红褐色，这些色彩组合形成了地中海风格独特的配色。在地中海海岸线一带，特别是生活在希腊、意大利、西班牙这些国家沿岸地区的居民的生活方式闲适，因此建筑风格充满了诗意和浪漫。以前，这种装饰风格多体现在建筑的外部，没有延伸到室内，后来逐渐出现在别墅室内装饰中，才开始慢慢被大家接受和追捧。

当然，在空间设计中，不能一味地堆砌元素，一定要有贯穿空间设计的灵魂。在地中海风格中，所有的装饰充满了乡村宁静、浪漫、淳朴的感觉，除了多采用铁艺的家具、花架、栏杆、墙面装饰外，就连门或家具上的装饰也多是铁艺制品。

（五）新中式风格

新中式风格更多表现的是唐、明、清时期的设计理念，其摒弃了传统的装饰造型和暗淡的色彩，改用现代的装饰材料和更加明亮的色彩来表达空间。

1. 新中式风格中传统与现代的结合

新中式风格并不是一些传统中式符号在空间中的堆砌，而是通过设计的手法将传统和现代有机地结合在一起。整个空间多采用灵活的布局形式，包括白色的顶棚、青灰色的墙面、深色的家具，凸显明度对比，富有中国水墨画的情调和韵味。

中国作为世界四大文明古国之一，其古典建筑是世界建筑体系中非常重要的一部分，内部的装饰多采用以宫廷建筑为代表的艺术风格，空间结构上讲究高空间、大进深，造型遵循均衡对称的原则，图案多选择龙、凤、龟、狮等，寓意吉祥。生活在当下的人们对传统总有一种怀念和追忆。当传统的中式风格与现代的装饰元素碰撞后，褪去繁复的外在形式，保留意境唯美的中国清韵，融入现代设计元素，便凝练出了充满时代感的新中式风格。

2. 新中式风格中家具形态的演变

旧式的纯木质结构家具借鉴西式沙发的特点，结合布艺和坐垫，使用起来更舒适。旧式的条案现在多用于空间装饰，其上放置花瓶、灯具或其他装饰，与墙上的挂画形成了一处风景。原来入户大门上的门饰现在也可以作为柜门上的装饰。

3. 新中式风格对空间层次感的追求

新中式风格追求空间的层次感，多采用木质窗根、窗格或镂空的隔断、博古架等来分隔或装饰空间。

4. 新中式风格软装设计的装饰

在空间软装饰部分，可以运用瓷器、陶艺、中式吉祥纹案、字画等物品来修饰，如采用不锈钢材质表现传统的纹案，作为床头的装饰；将优质细腻的瓷器花瓶作为床头灯；等等。但是，中式华贵典雅元素的运用要点到即止，多运用现代的元素，使其造型简洁。

（六）东南亚风格

东南亚风格以情调和神秘著称，不过近些年来，越来越多的人认为过于柔媚的东南亚风格不太适合家居空间。除了取材自然这一东南亚家居最大的特点之外，东南亚的家具设计也极具原汁原味的淳朴感，它摒弃了复杂的线条，取而代之的是简单的直线。布艺主要为丝质高贵的泰丝或棉麻布艺，如床单和被套采用白色的棉质品，手感舒适，抱枕采用明度较低的泰丝面料，棉麻遇上泰丝，淳朴中带着质感。

（七）田园风格

田园风格指欧洲各种乡村家居风格，既具有乡村朴实的自然风格，又具有贵族乡村别墅的浪漫情调。

田园风格之所以能够成为现代家装的常用装饰风格之一，主要是因其轻松、自然的装饰环境所营造出的田园生活的场景，力求表现悠闲、自然的生活情趣。田园风格重在表现室外的景致，但不同的地域所形成的田园风格各有不同。

在田园风格中，织物的材料常用棉、麻等天然制品，不加雕琢。花卉、动物及极具风情的异域图案更能体现田园特色。天然的石材、板材、仿古砖因表面带有粗糙、斑驳的纹理和质感，多用于墙面、地面、壁炉等装饰，并特意将接缝处的材质显露出来，显示出岁月的痕迹。

铁艺制品造型或为藤蔓，或为花朵，枝蔓缠绕，常用于铁艺床架、搁物架、装饰镜边框、家具等。

墙面常用壁纸来装饰，有砖纹、石纹、花朵等图案。门窗多用原木色或白色的百叶窗造型，处处散发着田园气息。

利用田园风格可以打造出适合不同年龄人群的家居空间。年轻人可以选择白色的家具、清新的搭配，形成具有甜美感觉的田园风格。年纪稍大的人可以选择深色或原木的家具，搭配特色的装饰，构成形式稳重而不失高贵的室内空间。田园风格休闲、自然的设计使家居空间成为都市生活中的--方净土。

三、室内软装饰中其他要素的设计

对于室内软装饰中的各类装饰，在此主要研究灯饰设计、布艺设计的具体方法与实践。

（一）灯饰设计

1. 灯饰设计的定义

灯饰是指用于照明和室内装饰的灯具，是美化室内环境不可或缺的陈设品。室内灯饰设计是指针对室内灯具进行样式设计和搭配。

2. 室内灯饰的分类及应用

（1）吸顶灯

①吸顶灯的特征

吸顶灯通常安装在房间内部天花板上，通过反射进行间接照明，主要用于卧室、过道、走廊、阳台、厕所等地方，适合作为整体照明。吸顶灯的外形多种多样，其特点是比较大众化。吸顶灯安装简易，能够赋予空间清朗明快的感觉。吸顶灯现在不再仅限于单灯，还吸取了豪华与气派的吊灯，为矮房间的装饰提供了更多可能。

②吸顶灯的分类及应用

吸顶灯内一般有镇流器和环形灯管，而电子镇流器能瞬时启动，延长灯的寿命，所以应该尽量选择电子镇流器吸顶灯。环形灯有卤粉和三基色之分，三基色粉灯显色性好、发光度高、光衰慢，而卤粉灯管显色性差、发光度低、光衰快，所以应选三基色粉灯。

另外，吸顶灯有带遥控和不带遥控两种。带遥控的吸顶灯开关方便，更适用于卧室。

（2）吊灯

①吊灯的特征

吊灯是最常采用的直接照明灯具，常安装在客厅、接待室、餐厅、贵宾室等空间。灯罩有两种，一种灯口向下，灯光可以直接照射室内，另一种灯口向上，光线柔和。

②吊灯分类及应用

吊灯可分为单头吊灯和多头吊灯。厨房和餐厅多选用单头吊灯，通常以花卉造型较为常见。吊灯的安装高度应根据空间属性而有所调整，其最低点离地面一般不应少于2.5m。

一般住宅通常选用简洁式的吊灯，如水晶吊灯。

（3）射灯

①射灯的特征

射灯主要用于制造效果，能根据室内照明的要求突出室内的局部特征，因此多用于现代流派照明中。

②射灯的分类及应用

射灯的颜色有纯白、米色、黑色等多种。射灯造型玲珑小巧，具有装饰性。

射灯光线柔和，既可用于整体照明，又可用于局部采光，烘托气氛。射灯的光线直接照射在需要强调的家具、器物上，能达到重点突出、层次丰富的艺术效果。射灯的功率因数越大，光效越好。普通射灯的功率因数在0.5左右，优质射灯功率因数能达到0.99，价格稍贵。一般低压射灯寿命长一些，光效高一些。

（4）落地灯

①落地灯的特征

落地灯是一种放置于地面上的灯具，其作用是满足房间局部照明和点缀家庭环境的需求。落地灯一般安置在客厅和休息区，与沙发、茶几配合使用。落地灯除可照明外，还可以制造特殊光影效果。一般情况下，瓦数低的落地灯更便于创造柔和的室内环境。

落地灯常用作局部照明来营造角落气氛。落地灯的采光方式若是直接向下投射，则比较适合精神集中的活动，如阅读；若是间接照明，可以起到调节光线的作用。

②落地灯的分类及应用

落地灯分为上照式落地灯和直照式落地灯。使用上照式落地灯时，如果顶棚过低，光线就只能集中在局部区域。使用直照式落地灯时，灯罩下沿要比眼睛的高度低。

落地灯一般放在沙发拐角处，晚上看电视时开启会取得很好的效果。

（5）筒灯

筒灯是一种嵌入顶棚内、光线下射式的照明灯具。它的最大特点就是能保持建筑装饰的整体统一。筒灯是嵌装于顶棚内部的隐置性灯具，属于直接配光，可增加空间的柔和气氛。因此，可以尝试装设多盏筒灯，减轻空间压迫感。有许多筒灯的灯口不耐高温，要购买通过3C认证后的产品。

（6）台灯

①台灯的特征

台灯是日常生活中用来照明的一种家用电器，一般应用于卧室以及工作场所，以满足工作、阅读的需要。台灯的最大特点是移动便利。

②台灯的分类及应用

台灯分为工艺用台灯（装饰性较强）和书写用台灯（重在实用）。选择台灯主要看电子配件质量和制作工艺，应尽量选择知名厂家生产的台灯。

（7）壁灯

①壁灯的特征

壁灯是室内装饰常用的灯具之一，光线淡雅和谐，尤其适用于卧室。壁灯一般用作辅助性的照明及装饰，大多安装在床头、门厅、过道等处的墙壁或柱子上。

②壁灯的应用

壁灯的安装高度一般应略超过视平线，在1.8m左右。壁灯不是作为室内的主光源来使用的，其灯罩的色彩选择应根据墙色而定，宜用浅绿、淡蓝的灯罩，同时配以湖绿和天蓝色的墙，这样能给人幽雅、清新之感。小空间宜用单头壁灯，较大空间用双头壁灯，大空间应该选用厚一些的壁灯。

3. 室内灯饰的风格

欧式风格的室内灯饰强调华丽的装饰，常使用镀金、铜和铸铁等材料，以达到华贵精美的装饰效果。中式风格色彩稳重，多以镂空雕刻的木材为主要材料，营造庄重典雅的氛围。

现代风格的室内灯饰造型简约、时尚，色彩丰富，适合与现代简约型的室内装饰风格相搭配。

田园风格的室内灯饰倡导“回归自然”理念，力求表现出悠闲、舒适、自然的田园生活情趣。田园风格的用料常采用陶、木、石、藤、竹等天然材料，展现自然、简朴、雅致的效果，所以适当的粗糙和破损是允许的。

4. 室内灯饰的设计原则

（1）主次分明原则

室内空间中各界面的处理效果都会对室内灯饰的搭配产生影响，应尽量选用具有抛光效果的材料。同时，灯饰大小、比例等对室内空间效果造成的影响应充分考虑，如曲线形灯饰使空间更具动感和活力，连排、成组的吊灯可增强空间的节奏感和韵律感。

（2）体现文化品位原则

室内灯饰在装饰时应注意体现文化特色。

（3）风格相互协调原则

室内灯饰搭配时应注意灯饰的格调与整体环境相协调。

（二）布艺设计

1. 室内布艺设计的定义

室内布艺是指以布为主要材料，满足人们生活需求的纺织类产品。室内布艺可以柔化室内空间，创造温馨的室内环境。室内布艺设计是指针对室内布艺进行的样式设计和搭配。

2. 室内布艺设计的特征

（1）风格各异

室内布艺风格各异，其样式也随着不同的风格呈现出不同的特点。室内布艺常用棉、丝等材料，银、金黄等色彩。田园风格的布艺讲究自然主义的设计理念，体现出清新、甜美的视觉效果。

（2）装饰效果突出

室内布艺可以根据室内空间的审美需要随时变换，赋予了室内空间更多的变化，如利用布艺做成天幕，可柔化室内灯光，营造温馨、浪漫的情调；利用金色的布艺包裹室内外景观植物的根部，可营造出富丽堂皇的视觉效果。

（3）方便清洁

室内布艺产品不仅美观、实用，可以弱化噪声、柔化光线、软化地面质感，还可以随时清洗和更换。

3. 室内布艺设计的分类及应用

室内布艺设计可以分为以下几类：

（1）窗帘

窗帘具有遮蔽阳光、隔声和调节温度的作用。窗帘的选择可根据室内光线强弱情况而定，如采光较差的空间可用轻质、透明的纱帘，光线照射强烈的空间可用厚实、不透明的窗帘。窗帘的材料主要有纱、棉布、丝绸、呢绒等。

窗帘的款式主要有以下几类：

①拉褶帘是用一个四叉的铁钩吊着并缝在窗帘的封边条上，制作成 2~4 褶的窗帘。

单幅或双幅是家庭中常用的窗帘样式。

②卷帘是一种帘身平直，由可转动的帘杆收放帘身的窗帘，多以竹编和藤编为主，具有浓郁的乡土风情和人文气息。

③拉杆式帘是一种帘头圈在帘杆上拉动的窗帘，其帘身与拉褶帘相似，但帘杆、帘头和帘杆圈的装饰效果更佳。

④水波帘是一种卷起时呈现水波状的窗帘，具有古典、浪漫的情调，在西式咖啡厅广泛使用。

⑤罗马帘是一种层层叠起的窗帘，因出自古罗马，故得名罗马帘。其特点是具有独特的美感和装饰效果，层次感强，有极好的隐蔽性。

⑥垂直帘是一种安装在过道，用于局部间隔的窗帘。其主要材料有水晶、玻璃、棉线和铁艺等，具有较强的装饰效果，在一些特色餐厅广泛使用。

⑦百叶帘是一种通透、灵活的窗帘，可用拉绳调整角度及上落，广泛应用于办公空间。

（2）地毯

地毯是室内铺设类布艺制品，不仅可以增强艺术美感，还可以吸收噪声，营造安宁的室内氛围。此外，地毯还可使空间产生集合感，使室内空间更加整体、紧凑。地毯主要分为以下几类。

①纯毛地毯

纯毛地毯抗静电性良好，隔热性强，不易老化、磨损、褪色，是高档地面装饰材料。纯毛地毯多用于高级住宅、酒店和会所的装饰，价格较贵，可使室内空间呈现出华贵、典雅的气氛。它是一种采用动物的毛发制成的地毯，如纯羊毛地毯。其不足之处是抗潮湿性较差，容易发霉。所以，要保持通风和干燥，经常进行清洁。

②合成纤维地毯

合成纤维地毯是一种以丙纶和腈纶纤维为原料，经机织制成面层，再与麻布底层合在一起制成的地毯。合成纤维地毯经济实用，具有防燃、防虫蛀、防污的特点，易清洗和维护，而且质量轻、铺设简便。与纯毛地毯相比，合成纤维地毯缺少弹性、抗静电性能，且易吸灰尘，质感、保温性能较差。

③混纺地毯

混纺地毯是在纯毛地毯纤维中加入一定比例的化学纤维而制成。在图案、色泽和质地等方面，这种地毯与纯毛地毯差别不大，装饰效果好、耐虫蛀，同时有着很好的耐磨性，具备吸音、保温、弹性和脚感好等特点。

④塑料地毯

塑料地毯是一种质地较轻、手感硬、易老化的地毯，其色泽鲜艳，耐湿、耐腐蚀、易清洗，阻燃性好，价格低。

（3）靠枕

靠枕是沙发和床的附件，可调节人的坐、卧、靠等姿势。靠枕的形状以方形和圆形为主，多用棉、麻、丝和化纤等材料，采用提花、印花和编织等制作手法，图案自由活泼，装饰性强。靠枕的布置应根据沙发的样式进行选择，一般素色的沙发用艳色的靠枕，而艳色的沙发用素色的靠枕。靠枕主要有以下几类。

①方形靠枕

方形靠枕的样式、图案、材质和色彩较为丰富，可以根据不同的室内风格需求来配置。它是一种正方形或长方形的靠枕，一般放置在沙发和床头。方形靠枕的尺寸通常为40cm×40cm、50cm×50cm，长方形靠枕的尺寸通常为50cm×40cm。

②圆形碎花靠枕

圆形碎花靠枕是一种圆形的靠枕，经常摆放在阳台或庭院中的座椅上，让人有家的温馨感觉。圆形碎花靠枕制作简便，其尺寸一般为直径40cm左右。

③莲藕形靠枕

莲藕形靠枕是一种莲藕形状的圆柱形靠枕，它给人清新、高洁的感觉。清新的田园风格中搭配莲藕形的靠枕有清爽宜人的效果。

④糖果形靠枕

糖果形靠枕是一种奶糖形状的圆柱形靠枕，其制作十分简单，只要将包裹好枕芯的布料两端做好捆绑即可。它简洁的造型和良好的寓意能体现出甜蜜的味道，让生活更浪漫。糖果形靠枕的尺寸一般长40cm，圆柱直径约为20~25cm。

⑤特殊造型靠枕

特殊造型靠枕主要包括幸运星形、花瓣形和心形等。其色彩艳丽，形体充满趣味性，让室内空间呈现出天真、梦幻的感觉，在儿童房应用较广。

（4）壁挂织物

壁挂织物是室内纯装饰性的布艺制品，包括墙布、桌布、挂毯、布玩具、织物屏风和编结挂件等。可以有效地调节室内气氛，增添室内情趣，提高整个室内空间环境的品位和格调。

4. 室内布艺设计风格

（1）欧式豪华富丽风格

欧式豪华富丽风格的室内布艺做工精细，选材高贵，强调手工编织技巧，色彩华丽，充满强烈的动感效果，给人以奢华、富贵的感觉。

（2）中式庄重优雅风格

中式庄重优雅风格的室内布艺色彩浓重、花纹繁复，装饰性强，常使用带有中国传统寓意的图案（如牡丹、荷花、梅花等）和绘画（如中国工笔国画、山水画等）。

（3）现代式简洁明快风格

现代式简洁明快风格的室内布艺强调简洁、朴素、单纯的特点，尽量减少烦琐的装饰，广泛运用点、线、面等抽象设计元素，色彩以黑、白、灰为主调，体现出简约、时尚、轻松、随意的感觉。

（4）自然式朴素雅致风格

自然式朴素雅致风格的室内布艺追求与自然相结合的设计理念，常采用自然植物图案（如树叶、树枝、花瓣等）作为布艺的印花，色彩以清新、雅致的黄绿色、木材色或浅蓝色为主，给人以朴素、淡雅的感觉。

5. 室内布艺设计的搭配原则

（1）体现文化品位和民族、地方特色

室内布艺搭配时应注意体现民族和地方文化特色。例如，茶馆的设计可采用少数民族手工缝制的蓝印花布，营造出原始、自然、休闲的氛围；特色餐馆的设计可采用中国北方大花布，营造出单纯、野性的效果；波希米亚风格的样板房设计可采用特有的手工编织地毯和桌布，营造出独特的异域风情。

（2）风格相互协调

布艺的格调应与室内整体风格相协调，避免不同风格的布艺混杂搭配。

（3）充分突出布艺制品的质感

室内布艺搭配时应充分考虑布艺制品的样式、色彩和材质对室内装饰效果造成的影响。例如，在夏季，选用蓝色、绿色等凉爽的冷色的布艺制品，会让人感觉室内空间温度仿佛在降低；在冬季，选用黄色、红色或橙色等暖色的布艺制品，会让人有室温提高的感觉。

第五章　新中式风格室内设计应用

新中式室内设计风格是继承中国传统文化、将传统进行现代化演绎的一种室内设计风格。最基本的理念是基于中国传统审美文化思想，通过现代设计语言来加以表达。新中式设计思潮在家具设计、室内设计、建筑设计、服装设计等领域均有所体现，已成为一种影响广泛的设计思潮。

第一节　新中式风格的形成与发展

一、新中式风格的定义与内涵

（一）新中式风格的定义

新中式风格的现代家居设计在很大程度上汲取了西方现代主义中简洁、洗练的设计风格和表现色彩、质感、光影与形体特征的各种手法，又结合了中国国情和技术、经济条件，因而室内设计带有中国自己的特色。

新中式风格在空间的格局、陈设物、线条、色彩等方面的造型，继承传统家居设计的形、神特点，把传统文化深厚的底蕴作为设计元素，戒奢简繁，去除复杂的装饰效果，减少传统家具的弊端，把现代家居的舒适融合到空间中，并根据不同家居的面积进行适宜的布置。

（二）新中式风格的内涵

新中式风格是中西方文化在室内设计中的冲突与融合。面对两种差异性文化在同一空间的展现，要把两者间的关系处理得微妙，须正确对待中西方文化。盲目抄袭西方的设计理念，必定丢失传统的东方之韵；一味排斥外来文化，抵触新鲜事物，会造成文化等发展缓慢。所以，无论是哪一种风格，都要做到以下四个方面，新中式风格也不例外，设计者应做到及时充电。

第一，新中式风格要不断地吸收外来的营养，不断地充实自己，解放传统的文化思想，让传统文化永葆青春。中华文化有着悠久的历史，文化不断接受新鲜文化血液才会不断地激发人们的领悟，展示出中华民族的精神活力。

第二，新中式风格吸收现代先进的科学技术，在吸收的同时了解现代社会的发展走向。但是，新鲜事物并非全是先进的，免不了有秕糠掺和其中，有的事物已经过时或将要过时。所以，新鲜事物更需要对其深入了解后，进行分解，取其精华，去其糟粕。

第三，吸收外来的营养，新中式风格要结合传统文化，不能一味地忽略传统文化。新文化的产生，不是对过去的全盘否定，新文化与传统之间有着历史的联系。新文化的产生在某种情况下是对传统的升华，传统是基石，新文化是一种现代的表现形式，这两者有着紧密的内部联系。

第四，新中式风格吸收新文化，重点是对其消化，贵在为我所用。

新中式风格是对中国传统室内设计风格的总结和提高，既符合现代人的审美要求，也与新的技术和工艺相结合。新中式风格具有中国传统文化底蕴，把传统文化与室内空间设计的外在形态联系在一起，在室内的空间布局上，不失现代风格的功能性和实用性，在装饰的结构上呈现出文化内涵。它是传统与现代这两种风格的碰撞，也是两种反差较大的设计风格在同一家居空间的展现。

二、新中式风格的特点

新中式风格，主要是以传统文化为基础，融入现代设计元素，用现代人审美能力重新演绎一种新中式风格，来表达对东方古典文化的追求。

（一）布局方面的特点

中国古代传统的中式风格的室内设计，主要是运用木质结构屏风、隔扇等木质形式来用于划分整个空间功能。传统的室内设计主要是木质结构的组合构成通透性，对室内进行划分布局的，能满足本身的功能性的同时也有装饰性。这种设计需要高标准的技术手法和对艺术处理的高度统一。

新中式手法又重新演绎了传统的空间布局，根据室内空间人数和私密程度来划分不同的空间，采用传统风格的韵味，利用屏风、隔断、木门来划分空间，增加室内的层次感。再合理运用一些传统元素，提炼一些简单、具有代表性的中式符号，来增添室内的韵味，不简单也不繁杂，不呆板也不活泼，设计得恰到好处。

（二）装饰方面的特点

在中国传统家具装饰中，明清时期的家具可以说是最具代表性的，利用简单的线条就能表现出简约而又高贵的设计风格。现代设计师通过对传统家具的继承与创新，运用简单硬朗的线条和艳丽的色彩来赋予它新的活力。新中式风格采用简单、明朗的直线为主，有时还会采用具有西方工业设计色彩的板式家具，搭配中式风格来使用。新中式风格的家具更能体现出当代年轻人的对简单低调生活的追求与向往，新中式风格更加具有实用功能，并且有传统的韵味和富有更多的时代感。

（三）色彩方面的特点

新中式风格的色彩主要采用明快的色彩，保留了传统中国红、长城灰、琉璃黄、青花蓝、玉脂白等具有代表性的色彩，来体现中国传统民族文化和深厚的华夏文化底蕴。有时候还运用一些原本材料的颜色和黑色来渲染室内空间的古典韵味，再搭配一些世界各地的传统装饰品，给新中式风格的室内设计增添更多的光彩。

三、新中式风格的意义

新中式风格首先设计基础是中式风格，以“中国元素”“中国文化”“中国意境”为主题，新中式风格是中国传统文化在现代设计背景下的演绎也是对中国传统的艺术精神继承与创新。新中式风格以传统中式风格为基础，但是并没有沉迷其中。新中式风格的室内设计，保留了中国韵味，又在设计手法、设计技巧等方面有所创新和突破。新中式室内设计风体现出现代国人在居住方面的个性特征以及对传统文化的认同感；也可以体现出设计师的审美个性和精神特征。

（一）新中式风格的艺术格调

艺术格调是艺术创作者对设计作品、艺术作品在艺术造诣、文化修养、审美理想方面的总体体现。在人们对室内设计要求越来越高和现代潮流日趋全球化的今天，新中式风格的室内设计作品在中国民众眼中所表现出的优雅、沉稳，以及强烈的时代感，正逐步成为室内设计风格潮流的聚焦点。在现代室内设计中，室内设计反映的是居住者的生活态度和文化理想。新中式室内设计风格，是室内设计师用来传承民族文化和民族历史的一种方式。同时，新中式室内设计风格的意义在于它的“新”，它是现代生活与传统文化的结合物。室内设计在很大程度上是一种理性创造活动，它与科学技术紧密相连，新中式室内设计风格对新工艺、新材料的运用永远没有尽头。

（二）新中式风格的时代意义

新中式风格的室内设计，反映的是人们的生活方式和生活态度。新中式风格的室内设计既有室内设计的规律与延续，又有着传统与现在的设计交融。通过室内空间这个载体，用新中式风格将历史、文化、空间、元素、审美等密切地结合起来，从而设计出具有中式特征的新境界。新中式室内设计风格将鲜明的民族印记和创新的设计思想融入到室内设计中，在提倡本土设计和地域性设计的今天，新中式风格结合了民族性和时代性的特征，表达了中国人对回归自然、重视文化的设计倾向，并以中国传统文化特色和中国传统艺术风格以及中国传统美学价值为追求，让室内设计表现出丰厚的文化底蕴和人文关怀。新中式风格的室内设计可以说是对中式传统文化精神的重新塑造。

四、传统中式、现代中式、“新中式”三者的区别

传统中式风格主要以中国古代宫廷建筑为代表，气势恢宏，壮丽华贵。在该风格设计中，高空间、大进深、雕梁画栋、金碧辉煌，造型上讲究对称，色彩上讲究对比。

装饰材料以木材为主，图案多以龙、凤等代表身份的图腾或寓意吉祥的动物纹样为主，精雕细琢。惯于使用珍贵稀有的材料，制作工时通常也颇为长久，整体繁复厚重，造价高昂，具体的制式还受限于封建思想中森严的等级制度。

现代中式风格以传统文化内涵为设计元素，摆脱了传统中式风格的地域概念以及单纯的民族风格。相对于传统中式风格来说，家居装饰用材不再局限于只用木材、石材等天然用料，将时代发展的特征充分考虑到设计中去，既革除了传统家具的弊端，也抹去了复杂多余的雕刻装饰。在先进科技和全新材料的支持下，糅合现代主义的设计思想，使中式设计风格更符合现代人的生活需求，更加实用。

“新中式”风格产生于中国传统文化复兴的新时期，以中式风格为基础发展而来，中国元素被灵活运用，保留了中国味。“新中式”风格之所以“新”，包含了以下几方面的含义。首先，“新”是着眼于未来，不仅要跟上时代，更要引领时代，使设计具有前瞻性和预见性；其次，“新”是对旧思想扬弃式的继承，不是简单的照搬或复制临摹，在设计上秉承对传统文化精神内涵的尊重和理解，同时，符合现代人对生活品质先进性和科学性的追求；最后，“新”体现新技术、新材料的应用，如色彩、材料、空间、装饰等方面的创新。

五、新中式室内设计风格的具体体现

（一）起居室的新中式设计

在起居室的设计上，新中式的风格主要是将起居室设计出一种温馨典雅的感觉，既有着中式风格中的优雅的特点，又具备现代感设计中温馨的氛围，可以让住户在起居室感受

到很强的舒适感。所以设计师进行设计的时候，地板的设计主要为木质的材质，或者是重色系的地板。在床尾的部分一般会铺上比较柔软的地毯，增加空间的舒适感。在起居室背景墙的设计上，一般会使用白色作为背景墙的颜色，还会在背景墙中搭配一些具有中式风格的小设计，更加具有古典的气息。灯光一般都会设置比较暖色系的光源，例如橙色和黄色，可以为空间添加更多浪漫的气息。最后在装饰物上，一般会在起居室中添加很多的中式摆件，例如一些中式的水墨画、中式木雕等。同时，起居室的设计也可以偏于简约的风格，让整个的空间更加自然、实用。

（二）客厅的新中式设计

客厅是室内设计中非常重要的设计部分，由于客厅是一个具有公共性质的空间，很多时候还用于会客的功能，所以客厅的设计要具有更强的美观性和功能性。设计师在进行设计的时候，一般会利用一些隔断的材料在客厅中实现一种空间的间隔，但是由于客厅的采光非常重要，所以可以在客厅中设置比较通透的隔断，例如一些玻璃门、透明材质的隔断等等，这些都能让客厅的设计更加通透和明亮。在阳台的设计上，新中式风格的设计中一般都会将其与客厅打通，让客厅的采光程度更高，也能让中式的风格中融入更多的现代化设计。在电视背景墙的设计上，一般都会采用比较具有优雅感的木质背景墙或者手绘的背景墙，还可以使用一些屏风等具有中式元素的装饰材料。在客厅地板的设计上，可以使用一些传统的木质纹理地板或者是中式风格的瓷砖，让客厅的空间能够具有一种自然、通透的舒适感。

（三）书房的新中式设计

书房一般是人们进行读书、学习或者工作的地点，所以在整体风格的设计上应该以明亮、整洁、安静为主。新中式的设计就可以让书房的空间显示出这些特征，设计师想要设计出一种静谧和典雅的风格，就需要设置一些比较具有古典气息的家具，家具的选择主要是木质的书柜、书桌、沙发等等。在色彩的选择上，一般也会选择比较稳重的颜色，让整个书房的空间更加具有一种稳重感，让住户在这一空间中能够更加静心。在装饰物的选择上，不应该选择一些比较烦琐、形状复杂的装饰品，应该选择一些比较大气的装饰物，例如字画、盆栽等等。

（四）卫生间厨房的设计

卫生间和厨房的设计上，新中式的风格是将整个空间变得更加简洁和明快，设计的风格也是要将中式和现代装饰有机地融合在一起。首先在厨房的储物柜设计的时候可以使用比较具有现代风格的设计，并且可以在其中添加一些中式的元素，例如一些橡木板、枫木板等等。在卫生间的设计上，主要可以选用比较雅致的洗手台，还可以搭配上中式镂空的花纹，让空间整洁中不失灵动。在地板的设计上一般是选用具有防滑性的瓷砖，卫生间的空间隔断一般会选用通透的材质，让卫生间的空间设计更加前卫时尚。

（五）室内其他陈列设计

首先，新中式风格中家具的设计上，设计师一般会充分重视空间的整体风格，并且将空间中的很多细节处理得非常完美。为了能够显示出新中式风格中的温馨、典雅以及现代感，设计师在选择家具的时候会将中式家具和现代化的家具进行完美的融合，在色彩的选择上不会选择中式中完全的深色系，而是会选择一些比较浅色的家具，加强室内温馨的氛围。同时，设计师也非常注重家具的实用性，例如可以置办一些储物空间较大的家具。

第二节　中国传统室内设计的特点

一、室内外空间处理的关联性

组织空间是室内设计与装饰的一项重要任务，它不仅涉及内部空间的组织、总局、分工（如空间的形状、大小、衔接与过渡，以及交通流程的规划等），还包括妥善处理内外空间的关系。而正是这方面，中国传统建筑为我们提供了许多有益的经验和启示。总的说来，中国传统建筑是内向的、封闭的，如城有城墙，宫有宫墙，园有园墙，院有院墙，但从另一方面说，这墙内的建筑又是开放的，即这些建筑的内部空间都以独特的方式与外部空间相联系。

（一）直通

即内部空间直接面对庭院、天井、广场或街道。中国的许多传统建筑都是隔扇门，它由多扇隔扇组成，可开、可闭、可拆卸。开时可以引入天然光和自然风；卸下又可以使室内与室外连成一体，使庭院成为厅堂的扩大。平日，庭院可供人们劳作和休息，遇到婚嫁、寿诞等大事，庭院又变成了举行庆典的场所。

（二）过渡

房前之廊是一个过渡空间，它可使内外空间的变换更自然，也是人们躲雨、防晒、从事家务劳作或日常小憩之处所。正如岭南建筑的“骑楼”，因为岭南多雨，“骑楼”（屋外之走廊）的设置就显得非常有人情味。

（三）延伸

用挑台、月台的形式把厅堂延伸到室外，这些挑台或月台或突出于庭院，或架空于水面，多面凌空，更加接近大自然。如苗家建筑之“美人靠”“吊脚楼”，江南乌镇之“水阁”，正是这类空间类型。

（四）借景

包括“近借”或“远借”。“借景”是中国造园的重要手法。“近借”多通过景窗将外侧的奇花异石引入室内，“远借”可通过合适的观景点，如凉亭，将远山、林野纳入眼底。

二、室内空间组织的灵活性

中国传统民居的室内空间美，既体现在室内空间与室外空间交替运用产生的虚实明暗的空间节奏感，又体现在建筑内部空间组织和分隔产生的丰富的空间流动美。中国传统建筑以木结构为主要承重体，建筑用梁、柱承重，墙仅起围护作用，故有“墙倒屋不塌”之说。这种结构体系为内部空间的布局提供了极大的灵活性和方便性。由此，中国传统建筑也就有了多种多样的空间分隔。

中国传统建筑的平面以“间”为单位，在汉代已有“一堂二内”的形制。后来，逐渐形成“一明两暗”的格局，并演化出许多单排以及十字形、曲尺形、凹槽形等多种平面。中国的建筑结构设计产生了一种标准化的平面，这种标准化的室内平面带来的是大尺度的空间。生活于其中的人们不免感到冷漠、孤寂，如故宫的太和殿，整个大殿只有列柱，没有分隔，虽然显得宏大、庄严，但只适合于议事、上朝，而不适宜于人居住。为了适合人居住的生理及心理的需要，于是出现了小尺度，符合人们使用要求的空间形式。而这种亲切的小空间是通过诸多灵活布置的隔断、帷帐、帘幕形成的。

中国传统的室内空间最有特色，最突出之处就在于：在给定的框架空间中，做自由灵活的二次空间再创造，即综合运用隔扇、屏风、罩以及兼做家具的博古架、书架、几案创造出变化丰富、隔而不断的流动性的室内空间，这也反映了中国传统文化中追求运动过程，强调整体联系的辩证思想。传统隔断的种类繁多，它不仅能分隔空间，而且它本身雕刻精美、图案丰富、材质优良，是表现力很强的装饰构件。

三、装饰与陈设的综合性与品位性

中国传统室内设计在装饰与陈设要素上具有综合性，除了家具、绘画、雕刻、日用品、工艺品外，还有许多独特的要素，如书法、盆景、挂屏、博古架以及大量民间工艺品等，是其他国家没有或少有的，意在追求一种修身养性的生活境界和“游目”“游心”的空间意趣。例如，用书法装饰室内有两个方面的意义：从内容上说，有抒发情感和志向、陶冶情操、实行教化的意义；从形式上说，可从浓淡、轻重、缓急、虚实、节奏、韵律等方面供人欣赏，给人以启迪。

传统室内装饰讲究整体布局对称均衡、端正稳健，而在装饰细节上则崇尚自然情趣，花鸟、鱼虫等精雕细琢，富于变化，充分体现出中国传统美学精神。中国传统室内装饰非常丰富且富于变化，但并不烦琐。重点装饰部位常常具有强烈的表现力。如寺庙的佛像、宫殿的藻井，它们的色彩纯度很高，色相鲜艳，而且本身的对比度也较大。古人常通过背景与装饰部位的形式与色彩的对比处理，很容易创作出装饰丰富而又不烦琐的空间。综观中国传统室内陈设与装饰可以看出以下两点：一是重视陈设的作用。在一般的传统室内空间中地面、墙面、顶棚的装修做法都比较简单，但就是在这种相对简单的装修中人们也总是想方设法用丰富的陈设和多彩的装饰美化自己的环境。陕西窑洞中的窗花、牧人帐篷中的挂毯、北方民居中的年画都可以证明这一点；二是重视陈设的品位。即重视其文化内涵和特色。书法、国画、奇石、美玉、陶瓷、盆景等不仅具有美化空间的作用，更是传统文化内涵的具体表现，是审美心理、人文精神的表露，包含着极其丰富的愿望、情感和思想。

四、装饰在形式与功能的关系上的统一性

中国传统建筑装修、装饰并非光做“表面文章”，形式与其功能、技术形象具有高度的统一性。如屏风是做隔断之用，斗拱最初是建筑构件，界面装修的初衷是提高界面的耐久性，但人们并不以此为满足。于是，制作精美的屏风亦做装饰之物，斗拱成了不可缺少的装饰构件及中国古代建筑的符号。许多装修，如油漆、彩画、藻井、壁画等等成了艺术价值很高的装饰物。徽州民居著名的“三雕”（石雕、砖雕、木雕）就是装饰之中功能与形式完美结合的典范。石雕一般装饰古民居外部门罩、粉墙、露窗、天井、庭院的石凳石桌、内部石柱、梁等。砖雕多装饰民居屋脊的封檐、庭院露天的明窗、门罩、窗罩等。木雕集中于落地隔扇、窗棂、门楣、栏杆、斗拱、梁柱等。其功能上主要是在建筑和室内装饰的重要部位使用相对较坚固的材料而起到一定的保护作用；在内容上以历史典故、民间传说、文风家世、吉祥图案为主；在形式上通过这些精美的建筑细节，呈现出令人愉快的

视觉形象。“三雕”体现徽商的文化品位和审美意识，他们既想实现衣锦还乡的愿望，又不敢在营建制度上有所逾越，只能在局部的雕琢和楹联上倾注他们的心愿。精美的建筑细节正是他们内心想法的含蓄表达。徽州民居精美的雕刻其实是建筑装饰功能和个人情怀表达的完美结合。

五、装饰手法上象征性、秩序化和符号化

装饰手法上的象征性既是影响我国传统室内装饰形态的重要原因，又是我国传统室内装饰的重要特征。古人常常利用直观的形象表达抽象的情感，达到因物喻志、托物寄兴、感悟心怀的目的。建筑装饰作为艺术门类必然反映着文化内容。古人常用象征性的手法反映下面几个方面的内容：福禄喜庆、长寿安康、洪福（蝙蝠）齐天、喜（喜鹊）上眉（梅枝）梢，以及怡情悦性、陶冶情操（岁寒三友、四君子），道德伦理、德化教育（桃园三结义、羊羔跪乳）等来寄托追求平安吉祥，渴望富贵如意的美好愿望。

因为中国古代强调以礼治国，所以无论建筑的布局还是装饰都极具秩序感。如我国古代都城建造布局就是秩序化的最好范例，都城均为方形，由宫城、皇城、外城构筑起内外三重城垣。宫殿建筑群的主殿堂前后坐落于中轴线上，其余殿堂呈左右对称分布两侧。这种方整规矩、井然有序的都城布局和规划成为历代帝王营造都城的基本原则。

如北京、西安、南京等古都的城市布局大都按照这一造城格局营造。城内道路泾渭分明，南北中轴线对称分布，东西水平垂直，呈平行线走向，这充分显示出中国古代王朝以礼治国的思想体系。在传统的室内装饰中也充分体现了这种秩序化，首先在室内布局上也是大多以中轴对称布局且主次分明、尊卑有序。其次在室内装饰和陈设上，无论是何种构件，材料及题材，这些装饰的表现形式都存在一些共性，即秩序化、程式化的表现手法。以徽州木雕为例，徽州木雕大都构图缜密，一般以多层次的中心对称式和不封闭的连续纹样构成。很多门扇和窗棂花出于透光的需要，在结构章法上均采用一定的程式，即“众星拱月”的中心对称构图。中间设一块任意形，上面雕有神话或历史戏文故事。由于受画面尺寸、形状的限制，人物造型需要采用夸张变形的手法，动态拙朴、神态诙谐，具有浓重的装饰味道。四周遍布几何形窗格与花叶枝蔓结合的图案，虚实相间，疏密参差，使窗格的静态与花格的动态巧妙结合，于灵动中见逸气。其画面造型虽繁杂却有一定的程式规范，显得秩序井然，却又毫无呆板之感。

因为我国传统的室内装饰无论布局、材料及造型都具有象征性，因而也就具有了符号化的特征，许多装饰图形都成为一种符号。如“阴阳太极八卦图”，作为一种表示自然现象间的关系的符号，“石榴”是多子多福的符号，“松鹤”是长寿的符号，“鱼”是年年有余的符号，青龙、白虎、朱雀、玄武则既是方位的符号又是颜色、守护神的符号，龙、

凤、虎则是中国百姓共同需要的吉祥的符号，表达一致的夙愿。这些由风俗人情、社会风尚多方面形成人们喜闻乐见的传统符号，在建筑装饰中广泛运用，遍布石雕、砖雕、木雕之图形之中，以表达喜庆瑞吉的祝愿、辟邪祈福的心愿以及隐喻的象征观念。

第三节　新中式风格家居设计中的陈设设计

一、新中式陈设品的分类

陈设品是用来美化并强化视觉效果的物品，同时应具有观赏价值或文化意义。新中式的陈设品设计不仅对陈设品的造型大胆设计，对材料的选择也更加随意，制作工艺也是当代工艺与传统工艺相结合，并且更加重视实用性、创意性和趣味性。

（一）室内家具陈设

1. 软装饰元素

家具是软装饰元素的一种，大多数可以移动、清洗、更换的家具，除了一些固定的家具和墙面、地面等。新中式的家具保留原有的传统元素，运用现代设计手法、材料以及生产技巧的改良与创新，既有传统文化底蕴的同时又具备时代感设计潮流，用现代人的审美理念和生活习惯来重新演绎新中式风格。

“古为今用，洋为中用，批判继承，综合创新”，这句话就是新中式家具的设计理念。家具设计师必须深入了解中国古代传统文化的精髓，掌握理论基础的同时加上现代科技、材料、工艺，除了尊重内在传统的含义之外，也更加注重其本身的实用功能，使新中式家具走出国门，走向全世界，让更多的外国人了解中国文化、喜欢中国文化、学习中国文化。

2. 室内空间的划分

新中式室内划分空间，主要运用家具本身的可移动性，根据不同的空间功能来划分，每个空间都有各自的功能。在客厅与餐厅之间的公共区域，可用带有传统韵味的隔断、屏风、书架等。这种手法可以使空间有层次感的同时又有通透性，在设计上呼应了新中式的设计风格的特点，给空间增加更多的古典韵味。

现代年轻人喜欢居住小户型房间，因为空间比较狭小，所以整个空间布置就比较讲究。想利用好每个空间，让整个空间满足人们的生活要求外，还要给人感觉空间很大，很敞亮的感觉，就相对比较难。如何满足顾客的空间要求，既要有餐厅又要有客厅，我们不能用墙来划分，本来空间就很狭小，如果再立一道墙，就会让人感觉压抑，堵塞，没有通透性。现代设计师就利用有古代传统元素的镂空架子，在划分客厅和餐厅的同时，电视背景墙也解决了，巧妙地使空间划分开来，还使空间的视野更加广阔。

3. 空间风格的深化

我国古代传统中式风格的室内设计装饰，非常讲究室内空间的层次感。因为空间的使用人数和私密程度不同，所以设立了相对独立的空间，经常采用屏风、博古架、书架等等。这些装饰品都有通透性，虽然将整个室内空间在格局上划分开来，同时又使整个空间是一个整体，隔而不散，虚实相连。如果用墙体或是整体柜子来划分，就会给人以呆板、凄凉的视觉效果，也容易使居住在房间里面的人有距离感，彼此沟通有阻碍。新中式的家具在室内空间中联系紧密，具有很浓的装饰韵味，创造出和谐的意境，将整个室内设计提升到了更高的境界。

当人一打开门进屋，首先映入眼帘的就是客厅，这时会使整个屋子缺少安全感，所以需要设计师，巧妙地利用中国传统木雕镂空的隔断，将此处巧妙划分开，分出客厅和玄关两个部分。室内具有私密空间的隔断，又有了通透性，合二为一。巧妙地将传统家具元素运用到新中式风格的室内设计当中。

（二）织物陈设

用于室内的纤维织物统称为室内织物，一般包括窗帘、壁毯、靠枕、床品、蒙面织物、坐垫靠垫、桌旗、地毯等等。随着科学技术的发展，人们的生活水平和审美意识的提高，各种不同用途的织物陈设品应用越来越广泛。

室内织物在室内空间中起着不可取代的作用，是营造空间氛围，体现空间人性化设计的一个重要手段。织物以其材料的柔软性与建筑生硬的线条形成对比，以其独特的质感、色彩及设计，赋予室内以轻松、温馨、高雅、充满情趣的空间氛围，所以织物陈设越来越受到人们的喜爱。织物陈设品既有实用性，又有很强的装饰性，而且像窗帘、沙发罩、床罩等面积较大，对人的心理感受影响很大，因此在织物的选择时，其图案、质感、色彩、式样、大小等都应与室内空间的其他陈设品相协调。

对于新中式的织物陈设来说，材料的运用已不仅仅局限于传统的自然的棉、麻、丝、毛等几种类型，各种人造纤维材料，如腈纶、金属丝、人造革、天麻、涤纶、尼龙、氨纶等都以其各自不同的优势被人们广泛用于室内家居空间中。目前流行的很多时尚的、高科技的面料，如具有防尘、防潮、不易褪色、防水、防火、防辐射等功能的高科技产品的织物应用在家居生活中。抗菌的床上用品，防紫外线的窗帘，防霉的墙纸，防污的地毯等，这些高科技产品的家用纺织品带给人们更舒适、温馨、便捷的生活方式，满足着人们对生活品质的不断追求。新中式织物也会用到中国传统的蜡染、刺绣、扎染等，制成各种织物装点室内家居空间，以增强室内环境的中式气氛。

（三）光影陈设

新中式风格室内设计的光影效果的运用，主要采用传统装饰的风格特点，运用光影本身的变化和反射的效果，来传递现代高科技技术和古代传统文化的变化，将时间锁定，重新演绎一种柔和的、舒适的，新中式风格的室内设计光影效果。

传统的设计作品主要强调创造出来的意境美，光影的虚实、强弱、色彩变化，在使整个空间丰富多彩的同时，有很强的视觉冲击力，尤其是顶棚的灯光最为重要，需要设计师们好好运用。主要采用吸顶灯、筒灯、发光带等。新中式风格的吊灯主要是配饰和色彩的搭配，中国传统是以暖色为主，灯光颜色的选择也应该考虑。如果一个房间的吸顶灯是以橙色为主要色调，外部的装饰是镂空雕刻的暗花，那么到了傍晚光线暗淡的时候打开灯，这种放射的灯光效果，还有镂空雕刻的暗花的光影，会使整个房间有独特的韵味。新中式室内设计强调层次感，正是传统元素的造型与鲜明的色彩，能够在夜晚的黑暗中，一下子脱颖而出，成为万众瞩目的焦点，突出层次感，强调了复古又新潮的氛围。

要运用不同环境光影的设计手法，不同的材质、不同纹样的来反射出不同的光影效果，增强新中式风格的室内设计的光感趣味和独特的艺术性。

1. 光与影

“光”是现代生活中不可缺少的元素之一，包括自然光和人造光。“影”是光照射到非透明的东西上反射出来的物体本身的阴影。光和影的关系十分密切，不同的物体受到的光照效果和阴影的明暗程度都是不一样的。设计师们可以通过光影本身不同的变化，设计出不同的空间效果。例如，哥特式建筑的教堂在阳光照在彩绘玻璃窗的时候，把整个教堂变得五光十色，非常漂亮，如果巧妙地利用影子本身的变化，是可以把教堂变得更加庄严的。

2. 不同光影在新中式风格的室内设计中的运用

根据不同的光源种类，可以把光影归纳为：自然光影和人造光影。自然光影——太阳光，它的光影效果是无与伦比的，是大自然给予的自然能量，最亮最美，不加修饰。但是有时候会受到天气影响而变化莫测。天气好的时候光影是最好的，下雨没有太阳的时候光影效果就很微弱了，色彩同样也非常弱。

人造光影指的是经过人类的加工和设计而得到的光影。

（四）器皿陈设

随着社会的进步发展，像古代的樽、鼎等生活用品已经由象征着等级地位、权力身份的器皿转化为文化或生活中的陈设品，而碗、碟、杯等器皿作为生活用具出现在人们的生活中。这些生活器皿包括茶具、餐具、酒具等，都是属于实用性陈设品。

生活器皿所使用材料有很多，除了像陶瓷、金属、木材、竹子等传统材料外，还有如玻璃、塑料、不锈钢等新材料的使用，这些新材料的应用使得新中式的器皿更具特色。不同的材料能产生不同的装饰效果，如木头朴实自然，陶瓷浑厚大方，瓷器细腻洁净，金属光洁富有现代感，他们都以不同的形式出现在家居的每个角落里，或单个陈设，或成套摆放在餐桌、茶几、展示柜上。这些器皿陈设品的颜色、材质、造型等有很强的装饰性，不仅实现其功能价值，更能提高空间的文化气息。

在新中式室内器皿陈设品中，突破传统设计观念，将新中式元素与新工艺相结合，形成新中式特有风格的器皿。

（五）植物

现代的人崇尚健康，倡导建立一个人工环境与自然环境相融合的绿色空间，植物起着重要的作用。随着科技的发展进步，大部分植物在室内可以根据人的意愿来生长，进而创造出丰富多彩、具有现代化特征的室内空间环境。室内植物除装饰效果外，还有在视觉上划分空间的作用，此外室内绿化还能改善小环境，调和室内环境的色彩，营造温馨的室内气氛。更为重要的是，绿色植物还能使室内环境呈现出一种生机勃勃的自然气息，令人耳目一新，起到在快节奏的现代生活中缓解人们心理压力的作用。

在新中式的装饰设计中，植物出现的形式有两种，一是使用绿色植物直接装饰，一种是用植物干枝装饰。

二、新中式陈设设计中的颜色

色彩是室内家居陈设设计中最具影响力的因素，颜色搭配的好坏会直接影响到整个室内空间。中国传统色彩在中国人的眼中有着独特的意义，它不单纯只是一种颜色，更是传统文化中独具象征性的元素，应用于新中式风格的室内家居陈设设计中，不仅是对传统文化的理解运用，更是弘扬了民族精神。

中式风格的色彩有浓有淡，浓的大红大绿，淡的水墨淡彩，这些传统的色彩包含着丰富的文化内涵。在新中式风格的陈设设计中，颜色的使用少了些规则，更多了些创意，在浓淡之间，掺杂着很多其他的颜色。新中式风格的设计色彩趋向于水墨淡彩、色彩艳丽和自然色调三个方向。

色彩淡雅富有中国画意境的水墨淡彩，以黑白水墨和淡彩写意为主，体现了业主沉稳含蓄的性格特点。中国的黑白和淡彩与国外的黑白搭配有很大不同，它没有很强的视觉冲突，而是从中国画的一张纸、一滴墨、一笔淡彩中体现出来，能表达出人们细腻的心理情感。一张洁净的宣纸，或直接泼以墨色，或用厚重的颜色与水墨结合，仿佛笼罩在雾中，形成一种画面中淡淡的景色，这样的色彩组合符合中国人的审美情趣，内敛、含蓄而又不失浪漫。粉墙黛瓦是江南民居的传统手法，设计师使用灰色的水泥，青色的石砖，白色的涂料，营造出大空间。以墨色作为点缀，看似随意，实则煞费苦心，再辅以新中式的家居，朴素典雅的装饰。工笔写意以娇美的花枝、俏丽的鸟儿为题材，设计在织品上，在室内空间中营造出一幅立体的水墨淡彩画面。

以色彩鲜艳富有民俗意味的纯色为主调，凸出民族风格特点，映衬出居住者外向开朗的天性。中国传统文化中的五行“水、火、木、金、土”分别对应的黑、赤（红）、青（蓝绿）、白、黄这五色为色彩之源，是一切色彩的基本。中国人对这些色彩情有独钟，特别是红色、黄色、绿色、金色等，都是人们所喜欢的颜色。红色是最富有中国特色的，不论是婚嫁还是喜庆节日，都大量地使用红色，以彰显其喜庆、吉祥的气氛，红灯笼、红双喜、红色的鞭炮、红色的剪纸、中国印，无一不凸显这一特点。

以大自然颜色为主调，显示大自然的用色魅力，体现居住者自然洒脱的性格。色彩是大自然赐给人们最宝贵的财富，竹子的翠绿，桃花的嫣红，干麦穗的金黄，辣椒的红色，芦花的白色，我们并不陌生，它能给人一种自然、亲切、和谐之感。利用自然的原色来装饰，能为我们营造一个绚丽多彩的原生态色空间，必能与人们的审美产生共鸣。在各种陈设品上画点牡丹、竹子等，定会使空间热闹有趣，不用刻意地去创作，只要如实地上色，必能收到良好的效果。在新中式的家居陈设中，充分利用自然天成的植物做成的植物原色陈设品或用植物的图案来绘制的陈设品装饰的室内空间，巧妙点缀，匠心独运，创造出一个原汁原味带有自然和谐气息的生活空间，满足人们回归自然的情怀。

不论是黑白水墨与淡雅粉彩，还是自然色与纯色，新中式风格对颜色没有太多的专断，不同的颜色在不同的地域有着特定的象征意义。设计师应该根据不同的民族、区域、人群等，通过利用陈设品中色彩的对比与调和、变化与统一、平衡与韵律等搭配法则，来创造出独具特色的新中式室内家居空间。但是要注意室内所选择的主要颜色应不超过三种，否则会使空间混乱，可以选择一些颜色丰富的装饰性陈设品来装点，以免使得空间过于单调。

第四节 文化元素在新中式风格室内设计中的运用

新中式陈设设计“新”的元素的来源是从中国古代传统文化中抽取出来跟现代的人的设计思想相结合的结果，这其中包括中国的古建筑、古典园林、传统符号等，我们从中汲取营养，来寻找“新”的来源。

一、新中式设计中的文化内涵

不同的设计风格实践到具体作品中，所体现的是不同的文化底蕴和内涵，给人不同的心灵撞击和共鸣。而新中式室内设计风格的文化内涵主要是从社会、物质和精神等几个领域中展现出来的。

（一）社会文化层面

新中式室内设计风格折射出社会文化的许多方面，其中我们能找到社会意识形态、伦理道德、文学艺术和科学技术等各方面的相互交织和体现。随着社会的变迁与进步，其风格的产生和发展都会随之变化。而在生活方式上更有着直接的关系，特别是我国进入小康社会后，人们生活追求更加多样化、个性化和人性化，不只是要求温饱时期的实用，这就促进了室内设计风格要继续探索研究，满足人们的新需求，同时也为科学技术的发展提供动力。

不同的地域和民族有着不同的特性和风俗，这也体现在新中式室内设计风格中，具有鲜明的民族地域性。根据不同地区的自然资源和气候条件，人们的需求各不相同，就必然产生室内设计风格的区域性差异。室内设计风格的多元化，则建立在不同传统文化和风俗基础上，这是多元化的体现。但一个国家要想拥有自己独特的设计风格，不仅要学习别国，还要以本土文化为基础，在充分学习借鉴他人长处的同时保留自身独特优异的文化。既反映国际化标准又有着强烈的本土特征的设计文化，才是真正充满生机的“国际化”设计。而正是由于社会的不断发展进步和人们思想理念的改变，推动着新中式室内设计风格的动态发展，更好地对其本身内涵进行了诠释。

（二）物质文化层面

在物质文化层面上，新中式室内设计风格多采用现代建筑空间结构和形态、新材料与现代技术以及新形式的装饰品。它应该在现代物质基础上，满足人们精神和心理方面的需求。在平面布局和空间设计上，强调合理的室内空间，体现现代理性的空间意境；在环境设计方面，充分考虑自然环境、人文环境和艺术环境，体现以人为本、人与自然和谐相处的观念；在材料设计中，考虑对人类可持续再生和回收的环保材料，体现了环保的现代理念；在室内施工设计上，方便人们基本生活需求的同时，尽量考虑智能化的设计，以体现现代人的生活特征；在施工技术方面，尽量考虑减少环境污染的绿色施工工艺，以体现现代的技术特征。

（三）精神文化层面

我国经济迅速发展，生活水平不断提高，使得人们在物质文明的基础上更加注重民族文化的复兴。由于室内设计注重实用性和功能性，中国传统风格在国内室内设计领域发挥着主导作用，新中式室内设计风格在利用现代手法把传统的中式建筑结构重新组合设计的同时，也继承了传统精神内涵。新中式室内设计风格主要是通过重新设计组合形式，从而形成一种具有民族标志符号的后现代手法。这种典型精神特征，在培养人类高尚情操的同时还能净化人的心灵，让人们处在一种静谧祥和的状态中。在意义和形式上，新中式室内设计风格都具有很好的精神品质，散发着独特的魅力。

二、不同类型的文化元素在新中式风格室内设计中的应用

（一）建筑元素在新中式风格室内设计中的应用

中国古代建筑有着悠久发展史，并且是一个独立的发展体系，几千年流传至今，独特的结构风格、装饰构件、布局原则都对其他国家产生了重要的影响。传统的居住建筑与中国古代的室内装修都是文化内涵的载体，是相互共生的统一体，将建筑中的元素应用到新中式风格的陈设设计中，是营造气氛、体现中国文化内涵最为有效的途径之一。常见的建筑元素应用于新中式室内家居空间中有以下几种方式。

第一，有些建筑构件被固定在跟传统室内一样的部位，使其与原来的实际功能相同。例如雀替，雀替原是指置于梁下方与立柱相交的短木，目的是减少梁与柱相接处的向下剪力，而在新中式陈设设计的时候，把制作好的雀替放到梁与墙相接的地方，可以减少梁的突兀感，是处理室内横梁的一个很好的方法。照壁，在古代放在大门外或大门内，除了装饰作用之外，还能起到遮挡路人的视线和挡风的作用，照壁位于大门内，作为玄关的一部分虽没有了挡风的作用，但是还有很好的遮挡视线、装饰美化空间、分割空间的作用。

第二，摆放一些小雕饰，对空间起到装饰作用。例如砖雕、木雕、石雕、辅首、门墩、抱鼓石等这些小的建筑构件，或是留传下来的，或是新工艺新材料制作出来的，应用

于室内装修的局部做装饰，以展现中国传统艺术的美感。在传统的建筑中，会有很多形状各异的窗棂出现，如扇状瓶、仙桃、葫芦、石榴、蝙蝠等有着吉祥寓意的形状，富有极强的装饰性。窗子挂在墙面上做装饰，虽没有了透光透风的实用功能，却成了一个别致的画框，在里面镶嵌了一幅画，则显得别具一格。

第三，改变一些建筑构件的位置，使其具有新的功能。例如把窗花、门罩、门扇等从建筑中分离出来作为分割空间的隔断。还可以根据一些具体功能，把这些建筑构件应用进来，例如把传统的窗棂做成台面的支架，使台子不仅具有一定的实用功能，同时又不失中国韵味。

（二）园林景观元素在新中式风格室内设计中的应用

对自由的向往，对绿色的向往，一切都源自于人们对大自然的热爱，这也是人的天性使然。人们渴望将人与建筑、自然三者相融合，使人在室内也能感受到室外景观，因此，在进行新中式室内陈设设计过程中，把从中国古典园林中汲取的元素，应用到室内景观的设计中来已经成为一种时尚。

在中国传统的古典园林设计中几乎是“无园不水”，在现代的园林设计中“水”也是最常用的造景元素之一。随着科学技术的不断发展，水景元素从室外园林走进室内，并成为一个新兴的领域。新中式室内设计把植物、水、石等园林元素融入室内家居环境中，以满足人们的生理和精神所需，将自然和设计融合在现代环境中。水能够叫人们联想到宁静、安详、纯洁等，同时因其具有流动性，也象征着生命的延续和财富。水在室内的作用除了造景外，还有很多实用功能，如降低噪声，增加空气湿度，产生大量对人体有益的负氧离子，改善小范围环境的空气质量等，使人仿佛置身于大自然中，得到精神上的放松。

室内景观设计有一些不同类型，根据不同的用途可以分为室内花池水槽、室内小庭院，一般家庭进行景观设计的位置主要是在客厅一角、阳台一角、楼梯转角处、入户花园等。室内水景观出现的形式主要有静态水和动态水两种，可以根据需要来选择水的形式。水在室内景观中的运用，离不开假山石、水生动植物和具有中国特色的进水口等物件的搭配，例如选择一些原汁原味的“老物件”，如石磨、水车等做出水口；选择有一定观赏性的水生植物营造气氛，如绿萝、荷花、水葱、葛蒲、滴水观音、吊兰等；水生动物多选择观赏鱼、绿毛龟等有着吉祥寓意的。还可以把一些园林中与水景密切相关的特色元素应用在室内设计中，把在做园林设计的时候经常见到的牖窗、隔扇、栏杆、挂落、隔扇等元素做成隔断或做成装饰品。装饰小品可以用一些具有特色造型的雕塑作品，同时还可以增加一些微缩的园林元素如石灯、石塔、小亭等，这些都能够起到点缀室内环境气氛的作用。此外还可以加入灯光照明，用彩色灯光照射水景或在水中安装彩灯，可以使清水映出各种颜色，同样可以为室内水景增加奇妙的效果。

（三）新中式室内设计中的翻版设计

我国是有着悠久历史文化的文明古国，先辈们给我们留下了丰富珍贵的文化遗产。对于传统物品，人们喜欢其韵味、内涵，但是很多只是形式上的喜爱，使用功能上有很多都有缺陷，例如，很多人喜爱样式古朴典雅的明清家具，但坐久了会缺少舒适感。现代的人对其进行翻版设计，使其与现代人的观念融合。

比如对老式家具进行改造设计，使其以新的功能形式出现。把古代的画案拆掉桌面，放上一扇大小合适的旧门扇，再往上放上一块具有现代感的、透光感和反光效果的厚玻璃，成为一个带有中国韵味的新造型；金属材料有极强的现代感，可在整个空间中适当地添加金属线条以增加重色，以免空间过于平淡，有的设计师利用这一特点，制作一个有传统纹样的金属花窗或隔断，古典与现代相结合，别具韵味；布艺柔软、亲切、温暖，给传统的榻、椅等坐式家具配上有肌理、手感细腻的布艺制作的靠枕、坐垫、腰枕等，使其更加舒适；还有许多老旧的家具、工艺品已经损坏，不易修复，于是把可以保留下来的部分留下，利用现代材料代替残缺的部分，重新改造设计这些老家具或工艺品，使其旧貌换新颜，成为仍然保存着传统韵味的新中式陈设品，例如，有些老的瓷器已经破损，于是把瓷器碎片镶嵌成画，装裱起来做装饰品，或者利用其他材质把瓷器补成与原来一模一样的形状。

还有的家具设计师，直接利用传统家具的造型和纹样，利用现代材料玻璃钢工艺重新塑造，力争做到跟老家具一样的纹理效果，时尚的现代材料与古朴典雅的传统纹样相融合，使其既保留现代时尚又不缺乏传统韵味；将传统太师椅的造型进行提炼简化，利用金属的特性，制作出太师椅的外形，配上一个软垫，在保留太师椅庄严感的同时又具有现代感和舒适感。

传统家具在现代生活中的功能和造型更符合人性的特点，不论是去骨留皮还是去皮留骨，都使得传统家具有了新的形式。民族性与时代化共存，让人在感受传统文化魅力的同时又不失舒适感。

（四）传统文化符号在新中式室内设计中的运用

中国的传统文化符号在经历漫长岁月的沉淀后，形成了独具特色的、富有文化内涵的图形和纹饰。它涉及我们生活的方方面面，例如美术工艺、文学文字、戏曲音乐、饮食文化、服饰穿戴、建筑居住、风俗文化、地理地域及其他很多传统器物等，可以说它是一部丰富而巨大的百科全书。传统文化符号是传统文化的一种表现形式，它是人们在生产和劳动过程中经验和智慧的积累。在今天，这些传统的文化符号仍然具有非常积极的现实意义和象征意义，直接将这些传统文化符号作为室内装饰元素，同样是有效营造具有传统文化意境的新中式风格手法之一。

在新中式的家居设计中，我们最经常见到的文化符号包括中国传统的宝相植物：梅、兰、竹、菊、牡丹、荷花、松、月季；传统的吉祥动物：朱雀、玄武、青龙、白虎、龙、凤、双鱼、蝙蝠、梅花鹿等；甲骨文、象形文、宋体等字体；具有民族特色的图案：中国结、剪纸、祥云以及各种器物上的图案等；福、禄、寿、囍等吉祥文字等。这些传统符号在传统文化中有着很深的寓意，还有一些古老的传统图腾图案、太极等，在经历了几千年的凝结后，渗透着一种强烈的历史感，有着强大的生命力。所以文化符号是形式和意义的完美结合。

青砖铺成的地面可以设计成“回”字纹样，透明玻璃上用磨砂玻璃绘制成一些吉祥纹样的效果，铁艺以卷草纹形式做成的隔断，中式的韵味立马呼之欲出。例如，一位室内设计师制作了半个瓶形的木质花草纹镂空屏风，屏风紧靠的墙上挂着一面镜子，利用镜子的反射，从镜子中看去屏风形成一个完整的瓶形，寓意平平安安；简单流畅的外形，将简洁与复古巧妙融合的雕刻图案，既透露着浓厚的文化气息，又体现了错综复杂的精细。总之，传统装饰纹样以新的形式出现能够提升整体的空间感觉。

在当代，我们用今天的设计方法将这些传统文化符号的图案、结构、工艺等再加工。例如，在保证不失传统元素韵味的基础上对其整体或局部进行艺术的抽象简化，这些传统文化符号的重新解读与再现，具有积极的现实意义。

总之，新中式室内设计传统符号的运用，主要是在现代的加工方式、造型工艺能够实现的基础之上，加上对传统符号、文化的充分理解，并以现代人的审美对提炼出来的要素进行“再设计”，使其富有新时代的特色。在元素选择、组合的时候，中国传统元素应占绝大部分，不能被其他风格元素喧宾夺主。

第六章　简约风格室内设计应用

现代室内设计中的简约主义设计坚持面向大众的立场，不仅改变了传统的、昂贵的建筑材料和设计方法，大幅度地降低了建筑的成本，也改变了原有的室内设计的方法，体现了建筑设计的功能主义原则。

第一节　室内设计简约风格的发展与概述

一、室内设计简约风格的起源与发展

（一）西方现代简约主义设计的起源

纵观建筑环境设计发展史，无论是欧洲古典建筑或是东方建筑模式，都可以看到它们的室内设计在理性、功利性范畴的影像堆砌、繁杂、对称、均衡等现象。在以往特定的历史时期，作为室内设计的载体——建筑中的天花板、地面、墙面——被赋予烦琐的饰物，以“庄重”“严谨”“金碧辉煌”这些词语来形容似乎并不为过。中世纪古典主义风格和文艺复兴风格，显示了贵族阶级对于传统风格的热忱，以及通过传统风格所代表的价值观。在意大利出现文艺复兴巴洛克建筑，法国、英国、美国相继出现古典主义复古，建筑资源的多元化使各国相互影响，形成各自的特点。在法国，以古典复古为主的前提下也有希腊风、托斯卡纳风的特征。在英国，成为浪漫主义复古是以中世纪哥特风格为主的前提下，也有体现古典主义的复兴建筑的兴建。在美国，则基本是包罗万象，对于所有欧洲传统风格兼收并蓄地使用，综合所有他们中意的建筑装饰构思于一体，并不在意与这些构思的内在联系，产生了高度复杂、奢华的形式，表现了他们的财富和权力之巨大。

然而，经过工业革命的洗礼后，作为新技术和新材料的钢铁结构和玻璃，在建筑上被广泛应用，促进了现代建筑思想的发展。工业设计理念的进步给设计领域带来了广阔的空间。20 世纪 20 年代前后，欧洲一批先进的设计家、建筑家形成一个强力集团，推动所谓的新建运动，这场运动的内容非常庞杂，其中包括技术上的进步，特别是新的材料——钢

筋混凝土、平板玻璃、钢材的运用；新的形式——反对任何装饰的简单几何形状，以及功能主义倾向，也把几千年来建筑完全依附于木材、石料、砖瓦的传统打破了。在20世纪中期，欧美经济正处于巅峰状态中，欧美社会也呈现出奢侈华丽的一面。现代主义及新古典主义是当时的主要风格，无论在设计元素、色彩、材料和其他等方面都是以量取胜，设计风格则是以复古及繁杂为主要表现。在这样的背景下，其实已经有几位早期的简约风格设计师的作品与当时的复古风潮形成了强烈的对比。到了20世纪80年代末期，欧美经济陷入不景气当中，疯狂的消费一夜之间停止，艺术市场也随着经济的不景气而衰退。一切都随之逐渐简化，同时出现了一种新唯美倾向，这种新的艺术美学是由一群20世纪70年代就开始受到重视的简约主义艺术家所倡导的。

（二）中国现代简约主义设计的起源及发展趋势

中国传统建筑的室内样式通常为对称的空间形式。室内色彩方面，北方宫殿建筑的室内，其梁柱常用红色，天花、藻井绘有各种彩画，用鲜明的色彩，取得对比调和的效果。南方则常用栗、黑、墨绿色调，白墙与灰瓦形成秀丽淡雅的格调。

中国人的审美观和价值观的形成，可以从中国传统文化和古代哲学中寻找源流。其中，荀子主张要极尽可能地进行装饰，精致繁复的装饰是身份地位的象征。这一点我们从古今中外的富贵室内装饰中，可以看到许多例子。墨子主张一切以实用为主，反对一切装饰，认为人为的装饰都是不好的。韩非子提出装饰就会破坏物质的本质美，造成本末倒置，对自然、对社会都没有好处。孔子主张适度，没有任何装饰，显得简陋，如果过分装饰，则显得熟腻。只有那些恰到好处的装饰，才使人赏心悦目。老子认为，一切要顺其自然。他提出的“大音希声”“大象无形”与“少即是多”颇有相似之处。庄子认为可以雕琢，而雕琢的目的是要看不出雕琢的痕迹，化有形于无形，以有形的装饰达到无形的效果。

中国建筑的室内设计，在20世纪中期有三种情况：一是古、近代中国固有传统建筑和室内样式的设计作品；二是当代中国建筑是受外来建筑样式影响而设计的具有中国传统样式的折中主义设计作品；三是外国建筑师在中国设计的现代及传统形式的建筑和室内设计作品。中国的传统“民族形式”的室内设计，是以木结构为基本结构的中国建筑和室内空间形式，经历了数千年的发展完善，形成了中国传统风格样式。“中国现代主义”就是中国室内设计界在设计构思上的一种设计理论。它的特点有两个方面：一是取西方现代主义中简练的设计风格、表现色彩、质感光影与形体特征等的各种手法；二是结合中国国情、技术水平、经济条件而创造具有中国特色的室内设计。

中国室内设计界在设计构思上的另一种设计理论是“自在生成”的超脱流派，它的特点在于：实际调研，强调建筑创作和环境设计应重实际，要从体验生活、体验城市开始，而不是盲目地去学习国外的现代主义设计；主张客观地从作品所处的自然环境与人文环境出发，而不是从先入为主的艺术风格出发。要求在比较开阔的视野和比较舒展的创作心态中精心地、全面地处理理性与情感，空间与环境，表现与内涵之间的复杂关系。使作品的艺术品格能极具品位，并上升到高层次。

其实，“简约”并不是完全取消装饰，也不是毫无目的地堆砌一大堆艺术品。设计师要在不断的实践摸索当中去领悟这个“度”。只有具备了一定的素质和水准，才能真正掌握这个尺度，让自己的设计作品具有真正的内在简约。

在如今的信息时代，新材料、新工艺的开发与应用已经日新月异。随着社会的进步，人们在事业、生活、精神各方面的压力越来越大，很需要宁静、和谐、秀美的环境气氛，而这种氛围的营造，往往有赖于室内设计中的简约主义设计。简约主义设计的基本目的恰恰是为了把生活环境（物质的空间）与心理环境（精神的环境）尽量地统一起来，让心理环境的生存空间能在外部的物质空间中体现出来，再进一步对心理生活、生理生活产生良好的刺激，让心理空间充满健康的生命感，让生活空间充满清新自然的感受。同时，简约设计已成为近几年室内设计的潮流。

我国室内设计起步较晚，由于建筑造价的限制，上水平的室内设计项目在改革开放以后才有了增多，室内设计所选择的物品，从家具到照明器具、家电产品、卫浴用具，其产品质量的优劣和多样风格，直接影响到室内设计的质量和风格。室内设计离开了具体的产品，如同无米之炊，无法顺利进行。就产品设计本身来说，既要考虑自身的物质功能，又要考虑包括所处环境的精神功能。不同的居室，不同的消费人群，有着不同的要求和爱好，但是，现代室内设计，更重视简洁，更重视创意与个性，设计原理之外的变化是无限的，它存在于每一个具有创意的设计师的头脑中。

二、简约主义设计风格的特点

尽管现今以简约为主要设计风格的装饰理念及作品很多，而且各具特色，然而，他们都具备一些相同的特点，大致划分成以下内容。

（一）注重整体性

对于简约主义形式的设计风格倡导由整体出发，在设计期间重视表达整体感觉。简约并不代表简单，简约指的是筛选复杂的设计元素，进行重新组合，将一些不必要的元素去除，选出核心、精华的内容，进行概括与浓缩。简约设计风格的关键在于变大整体性。整体表达同环境密切相连，利用同环境的和谐关系来增强设计的水平。因此，设计从业者要具备较强的空间设计能力，设计的总体思路在于密切围绕整体进行深化、细化的表达。设计要依托整体空间与环境进行考量，从而符合人们对装饰的需求。

（二）设计关注材料的表达

在建筑室内装修及装饰过程中，材料是最为本质也是最为关键的元素。简约设计强调深入挖掘材料的表现力，关注材料自身的属性。各个建材原料都具备较强的表现空间，不但显现在建材原料本身的纹理、颜色、质感等方面，同时还涉及其结构、性能等。简约设计倡导把建材原料的实质借助精巧、细致的刻画呈现出来。依据各个原料的质地，进行针对性设计，从而表现材料的美。例如，借助光线，使不同的建材原料在人们视线中出现变化。另外，简约设计也注重建材原料的简约应用。其在设计期间并没有损坏建材原料的实质，不但确保了建材原料的初始形态与自然特征，同时保证了原料本身的纹理与色彩。

（三）简化建造形式

在进行简约设计期间，就是把内部包含的不必要元素去除，将复杂内容变得更加简化，更符合逻辑。在进行简约设计时，需要通过更简约的结构、最实质的原料、最便捷的造型对室内进行装饰。在设计过程中，留存了空间自身的结构美，消除了多余的复杂元素，应用科学、深入的设计理念，把室内建筑装饰的实质美展示给人们。

三、室内设计简约风格的实质

简约主义理念，其本质意义上是一种思想方法，即寻找事物的本质，就建筑设计和室内设计而言则是寻找和研究对象、材料、形式及空间的真正价值和本质。强调自由，让空间和形式摆脱那些阻碍人们真正欣赏它们的干扰来表现出它们自己的本来面貌；主张任何多余的东西都不要，“少即是多”，珍视简朴这种道德和美学的法则从而达到精神上的平和与卓越。在设计中则要求用最简洁的表达手法达到最好的表达效果。简约主义设计重视结构的精确、细致、简洁，它不断采用最先进的技术并保持自然材料的原始形态，从感觉上尽可能接近材料的本质。

以简洁淳朴和功能第一为主要特征的简约设计发展到如今，已远离了最初倡导的刻板、苍白而又苍凉的极简抽象环境。今天的现代主义简约设计风格，少了极端主义，多了环境意识；少了冷漠，多了亲切；热忱地接受了自然色彩，并用它们来营造气氛；更强调自然光，并仔细地选择室内照明，使室内环境更显温暖和开阔。今天的社会，随着人类物质与精神生活的不断发展与完善，现代简约设计风格也被赋予了新的形式和理念。

以现代主义风格为渊源和思想基础发展而来的简约主义设计风格，更加强调功能的合理，强调功能与形式的完美结合，强调空间内在的魅力。其本质就是强调功能的合理性。任何一个空间环境中，人永远是主体，对于空间功能的合理使用，以及使用设施的方便性是空间环境设计的核心，室内设计最主要的目的是要创造舒适的空间。简约主义风格在现代室内设计中的体现，也就是认真研究空间环境的功能布局，把合理解决功能使用放在创意的第一位，使形式和功能结合得天衣无缝。空间成为设计的主导者。

随着时代的发展，现代简约主义设计风格更是融入了“绿色设计”的理念，这也是简约主义设计风格的主要特质之一。这一特质使今天的简约主义设计更强调环境的保护、资源的节约以及可持续发展和减少污染，整个设计也更趋于人性化。

今天的简约主义设计已发生了很大的变化，与其他风格相比，少了些烦琐，多了些纯净；少了些炫耀，多了些自制；少了些华丽，多了些简洁；少了些异想天开，多了些实用功能。它使空间环境更适合人类的居住和使用，使家具变得更加线条流畅、具有更多功能，使空间更加明亮、结构更加精确、细节更加纯粹、色彩更加悦目、造价更加经济，从而更加满足人类的心理和生理上的需求。

第二节　当代室内设计的极少主义研究

一、极少主义室内设计的形成与发展

包豪斯是现代设计的摇篮，它强调突破旧传统，创造新建筑，重视功能和空间组织，注意发挥结构构成本身的形式美，造型简洁，反对多余装饰，崇尚合理的构成工艺，尊重材料的性能，讲究材料自身的质地和色彩的配置效果，发展了非传统的以功能布局为依据的不对称的构图手法。体现简约精神的设计是 20 世纪初随着现代主义的兴起而发展起来的，这种设计意念的特点在于摒弃了烦琐的装饰细节，注重空间和形体自身的整体造型、结构和大面积的色彩组合，外在形式表现简洁、视觉形象个性突出，利用有限的信息传达耐人寻味的意念，可以于纷繁之中保持清晰的脉络，给人留下深刻整体的印象，是一种高度提纯的设计艺术风格。而这种风格亦因其高度凸显现代审美特征，适合现代人的审美需求而广受欢迎。在整整一个世纪的时间里，这种艺术风格在美术、建筑、音乐、舞蹈等多种艺术门类中都得到了广泛而深入的实践和发展。它深刻地影响了人们的审美观念和生活方式。

对于“极少主义”一词的理解，存在许多争议与误解。人们对极少主义的认识或多或少来源于对艺术作品的概念性的理解，或从建筑形式的构成关系及风格样式上去抽取其含义。但究起源流的发展和深刻的内涵，把极少主义当作一种流派或风格来探讨是有其局限性的。

极少主义不是一种风格样式，也不是一种美学体系，而是一种和生活方式互相关联的思维趋势，这种趋势的主题是以尽可能少的手段与方法去感知与创造，即要求去除一切多余和无用的元素，以简洁的形式客观理性地反映事物的本质。极少主义是一种持久的强有力的趋势，和整个社会政治文化与信仰的节奏合拍，在不同时期以不同技术手段和不同形式出现。

虽然在20世纪中叶之后发展起来的后现代主义和解构主义等与现代主义的设计理念有着很大的差异，特别是后现代主义，基本上它是站在反现代主义立场上的。但是极少主义和晚期现代主义仍然秉承和发展了现代主义追求简约的设计风格。当代建筑与室内设计中这种追求简约的倾向与20世纪初现代主义运动时期强调功能，反对装饰，崇尚简化既有一定的相似，又有一定的区别。早期现代主义的简化主要是出自技术和需求方面的原因，即设计的简约性满足了降低成本以适应大规模生产的需求，于是复杂的方式被淘汰；而现代设计中对简约的追求则是顺应了时代、技术和审美的要求而日渐成为一种强势的文化。就本质上而言，当代简约主义室内设计从某种意义上更多反映了一种艺术追求而不仅仅是使用的哲学。

一方面，极少主义的审美内涵和现实意义自工业革命以来，顺应时代和技术要求的“简约”已成为一种文化上的显著进步，并逐渐上升为一种艺术原则；另一方面，人们的审美注意力也越来越少去寻找表面上的华美。转而去寻找一种洁净的、直截了当的美，这是因为单纯比之虚构出来的多样要来得更加诚实，更加亲切。

现今流行的这种极少主义，从根本上说，是现代主义风格的一种延续和较极端的发展。设计艺术一直与文化艺术和历史文脉的发展有着密切的联系。极少主义受到社会文化背景、哲学思潮以及现代艺术发展的直接影响。随着后现代主义设计纷繁复杂的理念与风格的盛行，西方设计领域的审美观念发生了重大的变异，传统文化思想与审美标准受到了严重的挑战。后现代摒弃和谐统一的美学原则，肯定非逻辑的偶然性，强调矛盾的冲突与对立。在20世纪最后十年里，随着科学技术的不断发展，新的科学建造技术为各种前卫的室内设计带来了实践的可能性。生活节奏的不断加快，越来越多的各种思潮与风格充斥着人们的思维与视觉。伴随着对现代主义室内设计的反思趋向于逐渐减弱，而对于当时的所谓“前卫室内设计”的热烈讨论正处于登峰造极之时。人们对后现代的“矛盾”与“复杂”、解构主义的“冲突”与“疯狂”似乎已感到疲倦，更渴望在混乱的视觉冲击中寻求宁静和秩序，呼唤简约的回归。

二、极少主义室内设计的形式特征

简约设计的表现形式是因为人们的感知知觉方面和视觉审美的构成秩序感，形成对整体设计的“量”和“形”的简约设计。此外，室内设计作为一种商品，设计原则是以不损害其实用功能为前提，表现室内各部分的功能，以其功能而不是形式为设计的出发点，讲究设计的科学性，注重设计实施时的方便、舒适、效率，并突出设计时的经济原则，力求以最低的开支达到最大限度的完满性。因此简约设计表现了室内各个空间的设计原则，它能对室内各功能以及附属陈列用品所表达的内容尽可能地减少其造型构成因素、单纯结构因素、装饰要素、轮廓造型要素、细节造型要素、风格要素等，以达到表现一种比较稳定持久的视觉形态。同时在满足部分功能要素的前提下，追求视觉审美要素，力求达到提高审美效果之目的。

简约设计在现代室内环境艺术设计中的具体运用是针对其整体及各局部分对象的简化过程，可归纳为四个方面。

（一）风格的简约

室内设计领域内的极少主义风格，要求设计师赋予空间特性的语言形式不能超出要达到一个特定语意所应该需要的“框架与范畴”，通过对室内空间自身属性和基本要素的“整理”及“显现”，表达设计的思维与意蕴。只有这个意义上的简约，才能创造出审美的效果。室内环境艺术所需要表达的整体风格应摈弃一些无用的装饰符号与细节，萃取出生活中的纯真与艺术精粹，重塑空间中的整体空间气度和丰富层次及自然流畅的形式氛围，形成比较统一、协调、自然处于单纯状态中的视觉审美感，即简约的情境与基调。如室内的家具陈设等均可以创造出丰富的空间层次。根据设计与使用的视觉心理需要，可以通过空间透视的视觉效果，而非造作的表现来体现空间的精神内涵。

空间之间的连接应保持一定的流通感与通透性。使空间形成相互间的含蓄美、内敛的整体风格，从而表达出一种自然舒适的氛围与艺术风格。因此，室内各部分设计空间的视觉凝聚力与表达室内环境整体艺术氛围、人文内涵应形成有机、完整的风格特征。

（二）量的简约

室内环境艺术设计中所包含的空间尺度与体量以及与之相关的各要素，均强调一种自主性特征，即只强调整体，取消一切分散注意力的细节。在空间的构成关系上，多采用非关联构图形式。极少主义设计创造的是一种具有透明性征的空间样式，没有远景、近景的差异。如果把空间看作一个透明的画布，那人们可以从不同的方向感知到相同的空间景象。

（三）视觉审美及心理上的简约

视觉及心理上的简约设计是一种“质”的简约，构成室内造型的成分并没有减少，只是将其中成分进行合理的重新整理组织归纳，从无序走向有序，使其具有简约、合宜、符合人们审美意识的性质。自然界各种有生命及无生命的形态均是自然发展规律和原则的最优化、最简化、最经济化的组合。因此人类无论从概念上还是心理上，接受这种最简单化和最优化的形态和样式是一种先天特征。即最“简约”合理的形式易于人们心理与情感的感知和体验。室内简约设计亦是如此，各部分通过形式或姿势联系形成有机的统一。而部分与部分的联系并非表面的接合而是内在的联系。一个共同的中心形成有机而内在的联系，室内各空间、通道、界面、家具陈设等因素就是通过各种有机的造型空间形态、色彩、材质、光等有序的组织而形成的一种简约的空间语言。

（四）功能简约

在室内环境艺术设计中应当充分实现机构与功能的和谐空间性征与实用功能的完美结合，是简约设计的一个重要内容，是工业文明下的新的表达方式，表达的是形式服从功能的理念。因为传统艺术的精致烦琐难以适应现代文明，追求简洁有效却功能齐全、方便舒适的简约设计也就成为新时代的品位。

三、现代艺术视野中的极少主义

在人类发展的历史中，绘画、雕塑等艺术形式一直与人们居住环境有着密不可分的联系。人们远在择穴而居的原始社会时期，通过对洞穴、岩壁，甚至墓室内的陪葬物品的雕刻与装饰来记录自己的生活场景，美化居住环境。

一直到文艺复兴时期，建筑作为各门类艺术的综合体一直被认为是集各种视觉艺术于一体的集大成之作。在古典主义艺术发展时期，艺术与建筑几乎是并行在同一时空构架内的同构体系。那个时代是建筑与美术具有同一概念特征的最显著的时期。许多艺术家集画家、雕塑家、建筑师于一身。这种情形到了 19 世纪末西方工业革命时期发生了很大的变化。随着社会科学技术的发展，建筑物生成所依赖的材料与建造技术取得了飞速的发展。这一发展对建筑这一巨大的冲击。在此之后的泛技术论的年代，建筑物更多地被当作是卓越的工程技术成就。尤其是科学技术以越来越快的速度进入社会生活的各个领域，给社会生活各个方面留下了深刻的印迹。建筑也就在技术“理性”的支配下变成了适合于某种使用功能的机器。然而，视觉艺术，包括建筑和各种艺术，之所以被称为艺术，在于其存在的合理性和现实性依赖于独特的形式，对社会生活的发展给予形象化的表现。表现的形式和技术手段，是有其自身的规律和准则的。这种表现，往往是间接的而非直接的，否则艺术就失去了存在的价值，变成科学技术和社会科学。所以，艺术与科技的根本不同，在于其不能向人们提供认识自然规律的启示，其根本作用在于表现人与自然和社会的关系，使生活饱满，从感性上体验自然和人生的韵味与诗意。

建筑艺术与绘画、雕塑同属于“上层建筑”，他们的发展有着同样的社会基础与文化内涵。从视觉艺术的角度来看，它们对形式的追求与艺术表现的规律同属视觉审美的范畴。而且又同样受到艺术普遍规律的指导和制约。

建筑设计的灵感来源，有三个主要方面：第一，过去传统建筑的权威（它导致复古主义）；第二，用功能的比拟来避开这种愿望（它主要影响到设计）；第三，以理性为依据，对构造部件的挑选（它导致折中主义与理性主义）。但是，所有这三种宗旨全没有对想出新奇形式的灵感提供任何真正的来源。因此，认为新奇是新建筑本质的那些人，经常被引得向其他的艺术动脑筋了。柯林斯特意注解了这些其他的艺术，如绘画、雕塑、工业设计与文学。这其中应该说绘画与雕塑对建筑艺术在技术与艺术之间的结合起到了重要的作用。

建筑艺术中人们一直在探索文化内涵与非物质化的精神特性，西方当代的设计艺术已经意识到社会科学技术决定论所带来的某种人文思想的缺失。于是其设计思想的外延也在有意识地朝向更为艺术化的方向拓展。不只在建筑领域，整个视觉艺术领域内的各个学科之间的界限的模糊与跨越，已使设计这个概念从以往的工业化与技术化朝向更具文化特性的综合体发展。

极少主义室内设计建构在一种理性的、分析的、和高度工业标准化的思维逻辑基础上，追求室内空间的客观的真实意义。极少主义艺术家们的理论与实践及通过对他们作品的评述与阐释所体现出的极少主义艺术的思想与理念，无疑使极少主义室内设计拥有了坚实的理论基础和思想底蕴。

四、极少主义视角下的家具设计

（一）极少主义视角下家具的形式

1. 纯粹的几何形外表

采用自然界中的母体——几何形作为家具的造型基础，是极少主义设计的重要特征。自然界中的任何物体，在经过抽象的简化后，都能得到长方体、柱体、球体和锥体等几何形体，以及根据某种数理和功能关系所构成的组合。

几何学的运用是极少主义家具设计师所具备的最基本的技能和设计手段。基于对几何学的深刻理解，这些设计师将那些中间的、过度的、几何特性不是十分肯定的组成部分尽可能地省略，把保留下的具有鲜明属性的纯粹几何体作为家具的基本外表。几何造型的运用，使家具设计在一定意义上更加接近了家具的“本质”。

2. 视觉审美及心理上的简约形式

作为实用艺术的家具设计，在探索本质的同时，并没有像纯艺术领域的极少主义艺术那样将艺术家自身的感受和思想全部扼杀掉，而是将精神世界的一些内容融入家具的设计中，从而唤起人们感性上的共鸣。视觉审美和心理上的极少主义设计，实际上是一种“质”的简化设计，家具造型的构成部分并没有减少，而只是将其中的组成成分进行了合理的重组归纳，并使其从无序走向有序。

自然界各种有生命和无生命的形态均是自然发展规律和原则的最优化、最简化、最经济化的组合，因此人类无论从概念上还是心理上，接受这种最简化和最优化的形态和样式都是一种先天特征。既最简洁合理的形式也最易于人们心理与情感的感知和体验，极少主义的家具设计亦是如此。家具设计中的各组成要素，如造型、材料、色彩等的合理有序组织便可形成一种简约的设计语言，从而满足当代人们对于视觉审美和心理上的简约需求。

（二）极少主义视角下家具的材料

1. 金属

金属为极少主义家具设计的重要材料，许多家具的主框架及零部件都由金属来完成。金属具有很多优越性，如质地坚韧、张力强大、防火耐磨等。其中钢是使用最多，也是影响最大的金属材料。

钢管的使用创造出一种崭新的家具外观，具有金属光泽的开敞式造型和简洁明快的线条，将家具中的功能美学表现得淋漓尽致。镀镍和镀铬的钢管与黑色织物、皮革相结合的方式，具有同极少主义相同的内涵，在极少主义的家具作品中也极为常见。

2. 天然木材

天然木材质地精良、感觉优美，是一种沿用时间最久、最优质，使用也最为广泛的家具材料。家具设计中对木材材质的要求主要表现在木材的质量适中、变形小、具有足够的硬度、彩色优美、纹理美观、利于油漆装饰等方面。利用天然木材制作的家具给人一种天然的亲近感，其温和朴素的质感，蕴藏着人造材料无法替代的心理价值。运用在当代的极少主义风格家具设计中，可以打破纯工业材料带给家具的冷漠感，从而体现出高科技与传统文化的人文关怀的有机结合。

3. 人造木板

木质人造板是将原木或加工剩余物经过各种加工方法制成的木质材料，具有幅面大、质地均匀、表面平整、易于加工、利用率高、变形小和强度大等诸多优点。利用人造板进行家具生产，有利于实现结构简洁、造型新颖、生产方便、产量高和质量好，便于实现现代化、系列化、通用化、机械化、连续化、自动化批量生产的极少主义家具生产要求。

在当今大力提倡降低能耗、保护自然资源，强调绿色化家具制造的背景下，人造板已经逐步代替天然木材而成为木制家具生产中的重要原材料。木质人造板主要包括胶合板、刨花板、纤维板、细木工板、纸质蜂窝状空心板、多层板及单板层积材和集成材等。

4. 塑料

塑料是新兴的并不断改进的人工合成材料，由不同的化学成分采用各种方法组合而成，即合成树脂所制成的材料。合成树脂的种类繁多，在家具制造中常用的有玻璃钢、亚克力树脂、聚氨酯泡沫塑料和聚乙烯塑料等。这些材料具有质轻坚固、色彩多变、光泽度好、耐水耐油、耐腐蚀、绝缘性能强、原料丰富、容易成型、使用简单、生产率高、价格低廉等特点。

基于这些特点，塑料家具以丰富的色彩和富于变化的造型，将复杂的功能融合到单纯的形式中，突破了传统家具形式的束缚，极具渲染造势的艺术张力和审美表现力，能够营造一种轻松、简约的气氛，给人带来恬淡与随意感。

5. 玻璃

玻璃是一种具有透明性的人工材料，有良好的防水、防酸碱性能，以及适度的耐火耐磨性质，并具有清晰透明、光泽悦目的特点。

在光线的照射和反射作用下，玻璃制成的家具可产生一种独特的艺术效果。这一点也正好符合极少主义设计中对光线的喜爱和运用。单纯而简洁的光线与玻璃材质的结合不仅可以给外表简单的家具带来丰富的生命力，更可为使用者营造出一种沉思默想的心境。玻璃的种类较多，主要有平板玻璃、钢化玻璃、碎花玻璃、磨砂玻璃、镀膜玻璃等。

第三节　简约风格设计的基本特征

一、简约主义具有鲜明的时代特征

简约主义是“少即是多”设计思想在当代艺术设计中的体现，它在以追求人居住的舒适性、环境品位以及以人为本设计理念的基础上，借鉴了后现代主义、解构主义等设计思想，符合当今时代的需求。其一，简约主义风格在材料的使用方面富有创新，更加能够体现出材料的形式之美，满足人们对于自然形态的追求，是时代特征的直接反应；其二，简约主义风格在室内设计上追求局部的细致与精巧，体现了科技高度发展的要求，是当今时代对于时尚与品位需求的重要体现；其三，简约主义风格在满足人们对于空间功能需求的基础上，追求健康的设计理念，侧重于人的舒适程度等人性化需求。

二、对建造形式的简化

简约主义设计风格通过对建造形式、元素和方式的简化，通过严格选择去除一切不必要的东西，使空间与形式的几何化与纯粹化，以获得符合功能与建造的逻辑性；建筑空间为设计提供了基础框架与界面，设计师在此基础上深思熟虑后，在注重建筑主体及功能，保留建筑设计空间中合理、独特的因素前提下，突破旧传统，注意发挥结构本身的形式美，进行科学的、深入的设计与处理，以现代设计理念、环境意识及设计个性进行合理的功能调整以及对空间分割再规划。虽然设计师各自的设计倾向不尽相同，但设计手法上的选择和变换却都是万变不离其宗——即以对功能、空间划分及追求空间间隔美为基础，用最简单的结构、最俭省的材料、最洗练的造型以及最纯净的表面处理对建造形式进行简化，去除一切不必要的装饰，以获得符合功能的逻辑性，这已成为简约主义设计风格最重要的特征，也是简约主义探求建筑“本质”的一种表现。

三、对整体性的追求

简约并不是简单，简约是优良品质经不断组合并筛选出来的精华，是将物体形态的通俗表象，提升凝练为一种高度浓缩、高度概括的抽象形式。简约风格设计追求设计整体性的表达，强调与场所的关联，作品可以出自一种个人化的设计体验，然而对每个设计环境始终是一种限制的要素，整体的设计是通过与环境的同构提升场所的品质。因而，设计整体性的表达是设计师对空间处理的关键之所在，也是简约设计风格的基础和重要体现。设计的深化和细化都是在设计整体性的表达中强烈的旋律围绕之下进行的，因此，空间整体的处理能调节空间氛围，提升场所的品质。这就要求设计必须从环境空间设计的整体角度考虑，由室内向室外延伸，以达到室内空间环境的融合，以满足人们生理、心理的需求。

四、对材料的表达

简约主义设计风格十分重视材料的表达，注重对材料本身属性的完美体现，以对材料的关注替代建筑的社会、文化和历史的意义。材料是建筑中的本质方面，发挥和利用材料的表现力是简约主义建筑艺术中的一个重要方面。每种材料，无论是在质感、色彩、纹理等表面特征方面，还是在结构性能、加工制作等方面，都具有独特的美和广阔的表现空间。简约主义建筑中材质美的表现是和精细的构造相辅相成的，光线使不同的材料得以产生视觉变化，简约主义根据设计想要达到的效果选择和使用材料，展现材料的美，获得建筑整体造型和细部层次的美。

在材料使用上简约主义主张既保持自然材料的原始形态和材质固有的自然肌理与色彩，又从感觉上尽可能接近材料的本质，让材料本身诉说其自我存在的感情，因而使建造回归到“建造”的本来意义上。这也就是简约主义出于自然、归于自然的创作手法。尤其是在设计风格趋向简约后，材料及材料的加工和安装方式成为设计的重要表达方式。每一种材料都有其特有的一系列物理的和加工方面的特点，要充分了解材料，了解它们的性质，它们的由来和实用性，更重要的是我们应该尊重材料，而不是歪曲材料的本性，熟悉这些特点。

简约主义风格室内设计可以依据人们的喜好与需求对材料进行选择，然后借助光线来塑造丰富的视觉变化，给人以视觉的享受与舒适之感。简约主义以简单、纯粹的方式对材料的自然色彩以及肌理进行了完美的呈现，巧妙地表达了材料的本质及属性。

五、对细部的重视

简约主义设计风格对细部的设计是非常重视的。整体与部分的关系是简约主义设计风格强调的重点内容之一，对细部设计的理念是追寻完美。细部设计是建筑造型的组成部分，人们对细部设计的理解最终会组成对整体建筑的理解。所以，在室内设计中要时刻重视对细部设计的处理。细部设计是美学趣味与设计风格的基本，是美学观点中重要的组成部分。这样设计出来的作品的美感是通过整体展现出来的，但不是说美感的展现就是整体美感的体现。美感的体现是由各个细部设计共同完成的，各细部之间是相互依赖、相互制约的。整体与细部要在设计风格和理念上保持着统一性，细部组成整体，整体包含细部。

对细部的处理，简约主义认为形体是简单而统一的，并且取消了多余的装饰和其他繁琐的细节，因而空间和精确处理的细部就成为主导者。那些缺失的装饰、被消减的细节，使得构造细部揭示了建筑作为一种纯粹的价值而存在的意义。同时，简约主义设计风格常常以精巧而别致的构造本身为表现因素，以构造细部，丰富整体形象，突出建筑结构及形体结构构造节点，传达建筑所蕴含的思想和信息。这样的建筑充满细部，从中可感受到蕴含于建筑细微之处的设计思想的优美与精彩，这是简约主义设计风格融合时代感的一种手法，它的出现反映了时代的一种需求。同时，简约主义设计风格要想走得更为长久就必须融合时代潮流，积极倡导可持续发展，所以在细部设计中，也要更多地体现出人文精神和可持续发展。在细部设计中，更多地融入环保理念，将绿色环保与细部设计紧密相连，最终突出整体作品的以人为本的设计思想和可持续发展的设计理念。

六、重视空间设计的面

室内设计中的面主要是指天花板面、墙面、地面等对界面的视觉效果进行展现的所有因素。在设计师对空间进行处理的过程中，面是关键的处理环节，也是室内设计中展现设计风格的重要基础，因为设计的细化和深化都是基于面而展开的。在处理室内立面时，设计师要从环境空间的角度进行设计，通过室内向室外的延伸实现室内空间的融合，从而满足人们的心理需求和生理需求，而且处理过程要遵循简洁、和谐、单纯的原则。现代室内设计的简约风格把人们对空间的审美和实用要求作为设计基础，对空间结构的划分可以使面的处理完整、简洁、单纯，使室内空间形成视觉上的流动感，使室内空间的层次变化更丰富。与在空间层次上更加丰富的装饰相比，简约风格不会让人感到头晕目眩，展现出设计理念的个性化与多元化。不仅如此，简约风格还在对建筑主体面和结构空间的合理配置与保留的基础上，加强了建筑外部和室内空间的沟通，而不是过多地对空间进行装饰和设计。

七、室内简约主义设计中的照明设计

对光线进行再次加工。灯光除了照明外，将不同的灯光搭配起来还具有很好的对空间的表现力，能够呈现出不同的艺术美感，因而室内的照明设计目的不仅是简单的满足人们日常照明的需要，而更多的是利用光线创造美感，以满足人们的视觉的心理需要。简约风格的室内照明设计以自然光源和照明光源为主体。设计时必须充分考虑空间主色调以及光照色对固有物体产生的色彩感觉，因为灯光是表现形体与气氛的最有效手段。传统的室内设计中设计师设计灯光，只注重照明灯光中的应用，而简约主义室内照明设计中灯光应用承担着交流的重任，同样的灯光在不同的环境空间和不同功能部位使用中所达到的效果是不一样的，所以在简约风格设计中设计师对灯光进行精心设计，使灯光产生灵活性及艺术美。

八、家具在简约主义室内设计中的地位

家具的发展和建筑室内的发展一直是并行的关系，在漫长的历史发展中，无论是东方还是西方，建筑样式和风格的演变一直影响着家具样式和风格。特别是现代建筑和现代家具的同步发展，产生了一代代现代设计大师和家具设计大师，现代室内设计与家具成就交相辉映、群星灿烂。

家具是构成建筑室内空间的使用功能和视觉美感的第一至关重要的因素。尤其是在科学技术高度发展的今天，由于建筑设计和结构都有了很大的发展，现代建筑环境艺术、室内设计与家具设计作为一个学科的分支逐渐从建筑学科中分离出来，形成了新的专业。

家具是构成建筑室内设计风格的主体，人类的工作，学习和生活在建筑空间中都是以家具来演绎和展开的。因此无论是生活空间、工作空间、公共空间的设计，都要把家具的设计和配套放在首位，才能满足简约主义室内设计的整体风格。

第四节　简约主义设计中的可持续发展问题

一、可持续室内设计理念

可持续发展战略一经提出就获得了全球广泛的认同与支持。人们把它逐步贯彻与渗透到各个具体的学科和领域中，形成了内容丰富的理论体系。随着近年来，人们对自己所处的生活与生存环境质量要求有所提高，室内设计作为环境设计的重要组成部分，与人们的生产和生活密切相关。因此，探讨室内设计的可持续发展是当今最为迫切的科研课题之一，我们可以分别从对环境生态、科技和文化三个方面来进行探索与分析。

（一）绿色生态设计是室内设计可持续发展的主导方向

20 世纪 80 年代，设计师们开始了围绕环境和生态保护的设计探索。环保意识成为现代设计师不可或缺的出发点。因此，绿色设计所涉及的内容不仅仅是设计形式本身的变革，而且是对全球环境资源与环境问题的文化反思。它针对传统设计的种种缺陷提出全新的设计理念，强调“环境亲和性”“价值创新性”“功能全程性”，并遵循“少量设计”“再利用设计”“资源再生设计”三大主要原则。所以，绿色设计思潮因其强烈的社会责任感和对人类未来前途的关怀，成为当代最具前景的设计之一。基于绿色设计思潮而生产的生态设计和循环设计也日益成为流行的设计思潮。生态设计是按照生态学原理进行设计，要求从环境设计的构想到使用后的回收都符合生态保护的观点。而循环设计则旨在通过“少量化原则”，考虑产品的反复利用，形成可循环的生产方式，实现资源利用的可持续性。总之，绿色生态室内设计是指在设计中运用生态学的原理和方法，减少对环境不良影响，通过强调再利用、循环使用和节能等原则来顺应并保护自然生态的平衡与和谐，创造适宜于人类生存与发展的室内环境，这也是室内设计可持续发展思想的主要内容之一。其主张主要体现在以下三点。

1. 倡导无污染、节能和循环利用的生态设计原则

室内绿色生态设计强调在室内环境的建造、使用和更新过程中，对生态环境与人不造成污染和破坏。对常规能源与不可再生资源进行节约和回收利用，对再生资源也要尽量低消耗使用，在设计中实行资源的循环利用，这是现代室内设计能得以持续发展的基本手段。

2. 注重生态美学

生态美学是在传统美学观的基础上，与现代美学相融合，并注入生态学要素的一种崭新的美学观点。在室内环境创造中，它既强调自然生态美，要求遵循生态规律和美的自然法则，又强调人工生态美，充分发挥人的创造才能，追求质朴、简洁、清新而不刻意雕琢的视感享受及舒适、愉悦的室内环境，注重人与自然和谐统一，使之达到自然美与人文美的有机结合。

3. 提倡适度设计与消费

在商品经济社会中，室内设计已经成为一种时尚消费，而且是人类居住消费的重要组成部分。与以往室内装饰中的豪华和奢侈铺张不同的是，室内绿色生态设计着眼于对环境的尊重和沟通，对资源的节省和珍惜，在“创造舒适优美的人居环境”前提下，倡导适度消费思想，倡导节约型的生活方式，从而把生产和消费维持在资源和环境的承受能力范围之内，保证室内设计发展的持续性，这也体现了一种崭新的生态文化观与价值观。

（二）科技是室内设计可持续发展的重要保障

科技对人类的发展起着不可忽视的作用，而现代室内环境设计同样也需要依靠科技的力量，并且科技在室内设计中的应用是方方面面的。对室内设计可持续发展产生影响的技术可大致分为两类。

1. 先进的高科技

主要体现在室内节能、全面绿化、智能传感等高科技上，会对采光、通风、温度、湿度、绿化等室内环境的物理特性以及室内住居安全性产生深远影响。除此以外，出于对环境保护的考虑，还要求使用无污染、节约资源、可循环的装饰材料，这些材料又要同时满足隔热、隔声、耐腐蚀等特点，还要求美观、舒适、经济。这就需要新的高科技对这类材料不断进行开发与研制，来大大改善室内环境等等。

2. 源自传统技术的低技术

由于环境因素的影响，提倡节俭，而高新技术的使用在初期势必需要许多的经济支持。因此低技术的设计就得到提倡。值得注意的是，真正使用何种技术还要依据具体情况而定，在技术采用上要提倡使用因时、因地制宜的“适宜技术”，过度追求高新科技或过分强调传统低技术都是不可取的。

（三）文化发展是室内设计可持续发展的必备环节

可持续发展，除了涉及土地利用、生态、环境资源等所谓“硬件”的经济技术领域之外，同样也还与社会文化、地域文脉等“软件”因素有关。室内设计中，在物理环境得到极大改善的情况下，人们必然会有对文化有更高追求。文化作为人类的精神财富，具有渗透性和流动性，最终获得延续与发展。

众所周知，追求文化除了指对传统文化继承与发展，还包括注重地方特色与地域文脉。随着现代科技的日新月异、文明时代的不断进步，新的地域文化也不断涌现。地域文化成为现代人真实生活片段的写照和体现。因此，为了使室内设计可持续发展，就要对环境进行整体把握，尤其对室外环境的研究和解读，包括周围的城市风貌、地域文化，这样才能使室内设计更加具有深度和内涵。

二、简约主义室内设计中的可持续发展思想

（一）生态理念的体现

1. 简约主义室内设计中的生态观

简约主义室内封闭空间可以隔绝外界的一切纷乱，远离城市的污染与喧嚣，如噪声污染、色彩污染等，以获得清新、宁静、自然的气息。说到噪声污染，在现代工业城市中，机器的轰鸣声、交通噪声、人口嘈杂声、社会生活噪声时刻冲击着人们的耳朵，成为干扰生活环境的主要污染源。而色彩污染的产生则是由于现代建筑的室内环境中色彩的独立性得到强化，甚至出现了脱离物体本身色彩的美术设计，忽视了环境中色彩的自然属性，造成了色彩的随意滥用，形成了新的视觉污染。在简约主义室内设计封闭空间中，这两种污染都被成功避免了。由于对待都市的冷漠和对原初生活的向往使得一些简约主义建筑与室内设计具有鲜明的“我向性”特征，它既然无力控制由经济主宰的城市，又不愿退隐乡村，只能力争给自己从都市中限定一处场所，继而封闭起来得以实现在理性模式中的生活本质的探寻，不受都市的干扰或诱惑。

而开敞空间则便于室内外流通，有利于引入外界自然景观来创造宜人的生态环境，再加上把光、风、水等自然要素融入设计中，使整个空间与自然进行交流和对话，相互协调，甚至还可以充分节省室内环境照明、空调所造成的能耗与污染。据相关数据统计，土建、装修建造过程以及建筑物使用过程的耗能约占全球能耗的50%。

2. 生态理念与室内装饰陈设的结合

生态理念下的室内装饰，一方面要求处处体现出绿色家居的原则。我们可以充分运用绿植、盆栽、盆景、瓶插、山石等多种元素的有机组合，不仅使室内装饰造型典雅、赏心悦目，而且还能充分发挥出绿色植物在环境保护上所起的效应，使室内排放的二氧化碳等

气体得到有效吸收，为住户营造一个节能、环保的居住空间。另一方面，生态理念还要同我国传统的居住伦理相结合。因为，一个注重居住伦理的家居环境，才能真正意义上使住户心情舒畅，让家庭成员之间彼此能和睦相处。住户心情上的愉悦和家庭成员之间的和睦，本身也是生态家居的另一种体现。因此趋吉避凶、向善惩恶的美好愿望也应当体现于家居室内装饰的陈设上。所以在室内装饰的陈设方面，可以设置一些体现出各民族特征的元素。如鹤、鹿、灵芝、荷花等。

（二）科技的融入

简约主义室内设计作为当代设计主流风格和思潮，它适应了机器轰鸣的工业时代，标准化、批量、大规模生产的材料、构件被广泛运用于简约主义室内设计施工中。工业技术替代了过去手工业者的手工工艺，机器以匿名并准确无误的精确性取代了手工业的偶然性。新技术、新材料、新工艺的层出不穷为简约主义设计师提供了创作灵感。比如运用工业标准化玻璃、钢构件，创造出大一统的宽阔开敞的流动空间，彻底打破了古典建筑中通过柱、拱券、飞扶壁等构件组成的封闭空间一样，简约主义室内设计师也通过对混凝土、玻璃、石膏板等许多现代高科技制成的材料经过先进的施工工艺，创造出经典之作。虽然20世纪80年代以来的简约主义是建立在对辉煌工业文明的反叛，提出向本始回归，但它还是必须借助人机工学、生态学、几何学、模数学、材料学、智能技术等现代科学，为人们营造出舒适、宁静的生活空间，可以说它仍然是科学、严谨的。因此，简约主义也只有与科技的发展相适应，才能够在可持续发展的道路上越走越平稳，越走越顺利。

第七章　现代室内设计创新的方法与评价

第一节　现代室内设计创新的一般方法

在逻辑程序上，现代室内设计非常严密，并且在具体的过程中还要有科学的方法。创新是创新主体进行创造性思维的过程，而创新成果的实现则还须依靠一定的方式方法以及一定媒介的帮助。

现代室内设计的创新过程非常的复杂，同时也是系统的、非线性的，创新思维有很多种方法。由于现代室内设计的艺术性特征，从而使得其创新思维须以非逻辑思维为主，以逻辑思维为辅。

一、联想创新方法

联想是艺术创造性思维的基础。联想指由一事物的形象、词语或动作想到另一事物的形象、词语或动作。例如由桌椅可以想到木头，由木头想到森林，由森林想到鸟叫，这类联想被称为自由联想，自由联想的特点就是联想的双方在某方面具有共同的特征，但是相隔的两项不一定有共同的特征。除自由联想外，还有一种封闭联想，封闭联想受一种主要的情绪控制，形成一个封闭的循环。现代室内设计是一种造型艺术，其联想思维表现为一种基本形状或图案。正是“基本图案推动、引导着艺术品的发展”。例如，由礼仪规范的变化，联想到女人装束的改变，再由女人装束的改变联想到必然产生变化的坐姿要求。针对这些变化，则必然要对椅子进行创新设计。鉴于各门类艺术之间的关系，在现代室内设计中联想创新运用非常多，这促进了室内设计创新的发展。

二、侧向创新方法

侧向创新方法是指利用局外的信息来解决问题或产生新构思的思维方法。这些局外信息可以在人与人之间产生，也可以在人与物或者人与自然间产生。侧向创新方法与联想创新方法有一些相类似的地方，即都由其他的信息领悟到与已相关的信息。但侧向思维的信息不但属于“局外领域”，而且信息本身在一般人看来是毫不相关或很难理解的，这也是其与联想创新方法的区别所在。要想从复杂的局外抽象信息中找出真正的需要，则必然要带着问题去思考，因此，创新主体要有很深的艺术修养和广阔的思维领域。

三、直觉创新方法

直觉思维创新方法又称为灵感思维创新方法，其是指创新思维的产生依靠灵感的瞬间萌发。直觉思维方法与联想思维方法都是由联想引发的，联想是实现直觉思维的常用方法。但联想思维中想象的个体之间在形态、色彩、功能等方面会具有相似性。而直觉思维中处于表象中的事物与想象的事物从表面上看也许没有任何关联，思维从表面到想象的转化，很可能是从创新主体个人经历的某一场景而来的。可以说，联想思维与直觉思维的基础都是创新主体的认知结构，但联想思维的认知更形象，直觉思维的认知偏向更抽象的联系。

从表面上看，直觉思维方法这种现象是非理智的灵感闪现，其实在非理智中却潜伏着理智的逻辑基础。也就是说，这是创新主体长期自觉的经验积累的结果，其心理特征体现了创新主体的受教育过程和程度。

灵感的产生离不开大脑的构造特征和信息在大脑中的传播规律。人的大脑从心理学的角度可以分为无意识层、前意识层和意识层三部分。在处理信息和形成思维过程中，这三部分发挥着不同的作用。由于艺术信息是一种精神的能量，在没有达到“一定的程度”时，这种能量不会产生，“一定的程度”是指经过大脑对信息的不断反馈、积累和消化以达到产生“精神的能量”，这个“精神的能量”就是灵感。

四、移植创新方法

现代室内设计创新的移植思维方法是指把某一事物的原理、结构、方法、材料等元素移植到新的载体，用以变革和创造新事物的创新技法。

大多数移植创新是在类比的前提下进行的。例如，自古以来，我国建筑都是以木质梁柱作为结构骨架，随着建筑的变化，家具也发生了相应的变化。无论是在选材、性能、结构、造型、纹理等方面，我国家具的特征都表现出建筑般的高度和谐、完美与统一。例如整套红木家具的制作，不用一枚钉和一滴胶水，完全靠匠人用手工精雕细琢，做得天衣无缝。无论是从低型向高型的变化，还是结构上从箱板式进化到框架式的变化，家具设计样式都追随着建筑的发展样式与结构的变化规律。从受影响的程度来看，建筑形式所受的影响最大，明代所谓的拔步床，有床门、围屏、前廊、桌凳、箱柜和灯具等陈设，几乎就是一个缩小紧凑的建筑空间。家具型制的这种变化，主要源于由建筑的引导以及对建筑方法的移植和效仿形成的起居方式的变化和技术的推动。

五、图解创新方法

图解方法是一种思维兼表达的方法。无论哪种创新方法都要以图解的形式表达出来。因此，针对现代室内设计的专业特点，图解创新方法是最主要的方法，其应用也是最广的。

在现代室内设计中，也存在自己科学的工作方法。现代室内设计过程兼有思维过程和表达过程，因而其设计的方法必然涉及思维和表达的方法。图解就是一个连接思维和表达的手段，是把头脑中的设计思维转化为可见的视觉图形的方法。

室内空间的表象是建筑内部所有物品在自然与人为环境因素共同作用的影响下产生的。在现代室内设计创新中，归根结底就在于形成新的创新想象，并使之转换成设计的特定语言。图解的方法与空间表象的视觉表达最为接近。因此在室内设计语言中，图解的方法是第一选择。简单地说，图解的方法就是借助于各种不同的工具绘制不同的图形，并对其进行分析的思维方法。

在图解的表达中就蕴含着创新思维。在现代室内设计领域，运用图形来进行专业沟通是最佳的选择。在设计师与图纸之间进行的自我交谈中，新颖的、非常规的解决办法不断从大脑通过速写的方式反映在纸面上，这些信息在经过纸面上的反复修改和选择后再反馈回大脑中，进而在这种不断的反映与反馈的循环过程中产生大量丰富的可能性。最后再通过与他人进行交流后对这些可能性进行不断的修正，以图解的方式将创新的解决办法呈现出来。

第一，根据设计师的思维习惯和交流方式，可以将图解方法分为空间图解、三维图解、轴侧图解和透视图解四种。根据所处理的问题不同，可以将图解归纳速写式空间透视草图、矩阵坐标以及树形和圆方组合形式图形系统、严谨的三维空间透视图。根据绘制工具的不同，可以将图解分为黑白光影表现图、水彩渲染表现图、马克笔表现图、水粉喷绘表现图以及电脑制作表现图等。

在现代室内设计创新的过程中，图解方式的选择因创新主体以及问题所处的不同阶段而异。运用不同的图解方式，其所体现的设计师感性思维和理性思维的比重也不一样。

第二，在不同的设计阶段，图解方法所表达的内容也存在一定差别。例如，在创意阶段，图解的内容通常包括总体设想、脉络关系、空间布局、功能内容等。在目标拟定阶段，图解的内容包括特殊表述和特定要求等。分析与处理各种信息和资料是在生成解决问题的策略之前首先要做的，而后通过代表图解方式的各种表格、框架等工具来有效解决设计问题。

第三，图解的过程是设计师把头脑中的思维视觉化的过程，这也是图解方法的意义所在。图解语言面向的对象是创新主体和使用者，因而可以从两个方面来阐述图解方法的意义。一是有利于思维拓展。通过运用图形思维，可以使设计师养成将瞬间的想法记录到纸面的习惯。从设计师本身的角度来看，这是一个从视觉思考到图解思考的过程。创新思维是一个从表象到想象的过程，从一个对客观事物的观察理解到产生联想、形成新的印象，是一个语言和思维方式转化的过程。二是有利于相互交流。在一般情况下，交流是指人与人之间有效的对话。设计师既要与自己交流，也要与委托人交流。因此，在设计的过程中，交流活动是一个非常重要的内容，同样，在创新活动中，交流活动也是必不可少的，只有通过双方不断的思想交流，才能产生创新立意。

一些概念创意阶段的草图记录往往是设计师头脑中闪过的思想，因而比较抽象难懂。所以，在将这些图形拿出来与业主进行交流时应当附加尽可能详细的文字说明，进而达到拓展思维与交流心得的目的。

第二节　现代室内设计创新的可拓方法

可拓方法是可拓学提供的一种数学思维方法，可拓分析与变换的过程是一个从图解思考到逻辑思考的过程。在现代室内设计中，可以应用可拓学的原理与方法进行创新。

可拓方法是可拓学应用于解决矛盾问题的基本方法。现代室内设计创新的可拓方法指的是运用可拓学提出的方法，解决室内设计创新过程中的矛盾问题，从而形成室内设计创新研究中行之有效的方法。

可拓方法从质和量两个方面来对事物的特征进行描述，并依靠语言文字和数字或字母之间的组合来进行表达。相较于以往的室内设计图解方法，可拓方法弥补了创新思维大量依靠视觉图形的形象思维表达方式的不足，其在逻辑推理的过程中加入了图解思维方法，因而可以说可拓方法是对以往创新方法的补充，也可以说是把一种全新的语言应用到设计思维的过程。

可拓学方法包括可拓分析方法、菱形思维方法、共轭分析方法、可拓变换方法以及可拓集合方法。这里以可拓分析方法和菱形思维方法为例，对室内设计创新作品的策略生成过程进行分析。

一、可拓分析方法

从可拓学的观点来看，任何事物都具有可拓性，包含发散性、相关性、可扩性和蕴含性。由此，可以采用发散树方法、相关网方法、蕴含系方法以及分合链方法来对事物的基本特征进行分析，这些方法统称为可拓分析方法。现代室内设计创新的可拓分析方法指的是运用以上提出的方法来全面分析室内设计创新的对象，进而找出相应的变换策略。

例如，在设计“动态之家”的过程中，设计中运用可拓策划的基本理论对多个地方进行了构思，同时对各种设计要素进行分析。并且通过各种变换，实现了室内设计的创新。建立发散树的物元模型，并对发散的物元分别进行多角度分析是其主要设计构思。

第一，将错层住宅中连接错层处不同地面标高的踏步“变定为动”，设计为带有抽屉和柜子的家具式可动踏步。将栏板和扶手设计成可以与可动踏步对接的组合式可动玻璃栏板，使可动踏步具有左、中、右三个对接位置，使室内平面布置具备了灵活多样的可能性。这一设计不但使“错层踏步究竟放在哪个位置为好”这一令居住者和设计者头疼的难题得到了巧妙的解决，而且还增加了储物空间。

第二，在原室内平面设计中，错层上部的平台进深仅为 2. 1m，这一长度的进深将其作为单纯的交通空间来使用，而客厅的进深却为 7. 5m，长而不当。在这种情况下，设计者“化下为上”，将平台加宽 600mm，下面设置储藏地柜。这一举措不但使平台的进深得到了加大、获得了多功能使用的可能性，而且使客厅的进深也得到了缩短，其比例也更为协调，同时地柜的使用增加了约 $2m^2$ 的储藏面积。

第三，在餐厅门的设计上，“变内为外”，不是将两扇门局限在门洞内，而是在门洞外设置了全长为 6m 的滑道，使两扇拉门在客厅一侧的墙壁旁的任何位置上可分可合、可左可右。既可以作为餐厅门，又可以用来遮挡卫生间的门，还可以放在电视后作为电视形象墙，从而给室内造就了一个动态景观。

第四，在客厅的中部是进户门，其位置是无法改动的，因而其天生就缺少玄关的功能和感觉。对此，设计者“化无为有”，将室外的雨棚形式用于室内，位于进户门上，与带有热熔玻璃装饰画的可动玄关柜相配合，限定了玄关区域，从而为其创造了玄关感。

二、菱形思维方法

进行创新设计，其前提是生成新的策划创意。在国内外，对策划创意如何生成的研究普遍感到棘手，这也是矛盾问题求解的难点。而可拓学提出的菱形思维方法为策划创意的生成提供了一种科学的思维模式。创意的产生遵循着“菱形思维模式”，即“先发散，后收敛”的思维方式，强调发散和收敛的结合。在问题比较复杂时，须采取“发散—收敛—再发散—再收敛”的多次循环，从而形成多级菱形思维模式。

发散阶段是创新思维的第一阶段，其是从一个物元或事元出发，利用可拓分析和可拓变换的方法，沿不同的途径，开拓出多个物元或事元，从而获得大量信息，其主旨是拓宽思路。收敛阶段是在发散阶段的基础上，通过对客观资源和条件的共轭分析，对其可行性、优劣性、真伪性及相容性进行判断，对发散过程得到的大量物元或事元进行评价，进而将符合要求的少量物元或事元筛选出来，其主旨是将被拓宽的思路向最佳方向聚焦，这是创新过程的第二阶段。

以下以某酒店SPA室设计为例，运用菱形思维模式，对设计师的策划创意思路的生成过程进行分析。

（一）拓展方法（发散阶段）

设计师将整个SPA空间分为上下两个部分，上部是干燥区，一张接待台，三个柳编座位，深色木地板上放着两张榻榻米垫子，织物帘遮住两边的走道；下部是洗浴区，设计师用的花岗岩作品作为指示标志，将其分为男宾、女宾两块区域。洗浴区采用印度的花岗岩、亮漆、美国胡桃木，而且在石砌的水池内嵌不同的座位，创造一种仪式的感觉。

设计师的创意非常巧妙，它具有东方风情，采用印度石材，日本的门槛的形式，然而既不是印度式也非日本式；它运用西方的雕塑，美国的胡桃木等材料，其不仅给老建筑增加一些时尚感，更创造了一种独特的西方风情。设计师的策划创意思路可以用建立问题的基元模型，从而运用菱形思维方法进行形式化分析，通过这种分析，我们可以对设计师的创意思路有一个清楚的了解。

1. 目标界定

设计师想在此营造一个“可以梦想、可以休憩、可以沉思”的环境。这是设计师在进行创新设计之前对所面对的设计任务，首先设定的创意目标。

2. 条件界定

在界定了设计目标之后，接下来要考虑的就是资源条件和环境条件。设计地点位于公园旁，其使用者绝大多数是土生土长的西方人，世界著名的连锁酒店内的豪华SPA的使用性质，使得这家SPA具有多种多样的复合功能，同时需要将对人的尊重和对人性的关怀体现出来。

3. 问题界定

通过对目标、条件、使用者的需求和现存的资源状况的分析，可以看出存在以下矛盾冲突。

设计的西方氛围和环境与设计师力求取得的东方神韵的矛盾。恰当地界定问题，将问题简单化、明确化、形式化，同时找出其关键所在，就相当于解决了问题的一半。之后就是对问题进行可拓分析和可拓变换，提出解决问题的方案。

4. 风格确定

由于这家豪华SPA具有多种服务功能，因此，可以分别设计各个单独区域。这样，在各个单独区域中都可有包含东方的元素，再用西方的元素作为过渡的衔接，创造一种西方人熟知又陌生的氛围。

（二）评价方法（收敛阶段）

这个阶段的任务是对发散过程所取得的大量的物元、事元或复合元进行评价，通过对客观资源和条件的共轭分析，对其可行性、优劣性、真伪性及相容性进行判断，进而选择相对较优的方案。

但是，在设计实施以后，由于东西方文化的差异，使得SPA的使用者并未充分理解东方洗浴过渡空间。设计师在接待区门口设置的起到日式门槛作用的榻榻米垫子，被洗浴的客人一脚踏上去，或疑惑地稍做停留，使得这些榻榻米垫子需要经常清洗。对设计师的含义，使用者并未充分理解，设计师是想让客人像东方的使用者一样在垫子上面脱了鞋子，并到柳编的座位上休息片刻，然后再进入洗浴区。其实如果运用资源的共轭分析方法，深入调查用户的功能需求，并全面分析可能采用的设计语汇，那么像类似的问题就不会出现。

由此可知，在现代室内设计的过程中，对现代室内设计作品的资源分析以及建成后的使用和改进阶段有着十分重要的意义。在选取最佳方案后，设计师须对建设结果和各种使用后的反馈意见进行详细的分析，相当于建筑使用后评估的过程（POE）。在引入可拓学理论后，为取得更好的成效，还应对如何开拓实施后的理想成果做系统的考虑。

总而言之，室内设计创新各个要素的可拓性是创新的主体进行室内设计创新的依据。在现代室内设计过程中，运用可拓学提供的菱形思维方法进行创新，弥补了一般创新方法的不足。同时，菱形思维方法提供的形式化的分析和变换方法，以及定性与定量相结合的评价方法，为室内设计的发展提供了无限的创意前景和科学的解决方法，这对为人们的生活创造丰富多彩的室内环境有着非常重要的作用。

第三节　现代室内设计创新的评价

认知和评价是两种基本的把握世界的方式，它们有着自己独特的地位和功能，并以服务于人的生存和发展为目的。认知是对客观世界本质和规律的揭示，而评价是通过认知变自在之物成为我之物。认知活动是评价活动的前提和基础，而评价活动则是认知活动的目的和动力。

从这个观点来看，可以将现代室内设计创新研究分为对创新本质规律的揭示与认知和创新客体对于主体意义和效用的评价和认识。创新评价活动对创新认识运动的整个过程具有非常重要的作用。如果没有创新评价活动，那么就无法对创新认识活动的起源与动力进行说明，也不能建构对于创新认识活动的完整过程。

评价即为价值的确定，是根据某些标准来对结果进行判断，并赋予这种结果以一定意义和价值的过程。现代室内设计创新的评价就是按照相应的标准对创新的结果要素进行价值和意义判断的过程，这个价值和意义的基准建立在对使用者需求满足的基础上。

一、评价的主体

在现代室内设计创新评价的过程中，室内设计创新评价主体是指进行创新评价活动的人，是建筑设计创新评价主体的一部分。室内设计创新评价主体兼有多元化特征和个性特征。

由于使用者、设计师、评论家和业主对室内创新的需要和与自己利益关系的不同，因而他们就会站在各自的角度，依据不同的评价标准进行评价，从而产生不同的评价结果。

首先，当评价主体为普通使用者时，他们会将评价的重点放在室内设计的实际使用需求上，例如室内采光、功能布局、设备设施等方面。由于评价主体没有建筑专业素质，因而他们的评价往往具有主观性，但同时具有真实性。

其次，当评价主体为专业人士时，则须分两种情形来考虑：第一种是评价主体为建筑理论家，这类专业人士由于具备较深的专业素质，因而评价往往更科学理性。但由于现代室内设计是一种艺术，同时与人们的生活十分密切，而他们往往对设计思想、设计风格等发展所具有的科学意义比较关注，因而，这类评价对于实际使用空间的功能性价值和技术创新价值的关注较少。第二种是评价主体为设计师时，这类人是与现代室内设计创新关系最密切的专业人士群体。其设计创新的过程，本身就是一个对创新不断“评价—完善—再评价的过程”。相较于其他评价主体，他们的优势更大。由于设计过程要兼顾普通大众使用者的使用需求和专业的设计风格、设计理论等因素，因此，所以这一群体的评价是比较客观和完善的。

最后，评价主体为业主时，由于他们是建筑的投资者或经营者，因而在现代室内设计创新评价中也有着重要的作用。例如其对经济价值和创生价值的关注，创生价值归根结底就是为了通过标新立异来吸引使用者，从而取得更大的经济利益。因此，业主在评价中往往对经济价值非常强调，而对艺术价值则有所忽略。

二、评价的标准

建立评价标准是进行现代室内设计创新评价的第一步，通过建立评价标准以期对整个室内设计创新系统的优劣评价进行指导。评价标准是基于某种需求建立的，不同的评价对象须选择不同的评价标准。

一般的评价标准可以客体对主体满足的角度和客体本身独立属性的角度作为评价的视角。这里选取客体对主体满足的角度作为现代室内设计创新的评价视角。

由于评价标准的选择是由主体的需求决定的，那么我们就可以对需求的研究为切入点。根据马斯洛“需要层次理论”，人有生理需求、安全需求、归属与爱需求、尊重需求和自我实现五个层次的基本需要。这五种基本需要在现代室内设计中转化为对功能、空间效果、技术条件、物理环境、安全和环境艺术等的需求。因此，在现代室内设计中，评价客体对主体需求的满足，就可以评价设计对功能、空间效果、技术条件、物理环境、安全和环境艺术等需求的满足。其价值判断包含物质价值、精神价值和综合价值三个方面。

现代室内设计创新是一个系统，创新评价标准是在室内设计评价标准的基础上建立起来的，须根据主体的特殊需求建立特殊评价标准。

现代室内设计创新的评价标准建筑评价标准的建立，“不是为了制定批评的标准和规范，也不以操作性的规范作为建筑批评的终极目标。而是为了启示和引导建筑的审美观念和审美标准，建构虚拟的理想世界”。现代室内设计创新评价标准也是为了这个目的而建立的，对现代室内设计创新活动来说，建立理想性、历史性、多向性、复杂性和多重性的评价标准是很有必要的。

现代室内设计创新的评价标准是对现代室内设计创新对象的创新程度给予肯定或否定价值判断的可参照准则。创新评价涉及对创新含义的理解。现代室内设计创新的含义包含以下几个方面：

1. 在艺术上产生一种新的形式，这种新的形式至少在统计上是鲜见的。

2. 在技术上表现为采用新的组合方法，也可以说是一种技术创造，也就是在普遍技术的指引下，对于细部联系等处理手法的创造。

3. 倡导一种新的美学观念。

4. 赋予某种室内环境以新的意义。

以上四点都涉及“形式”“美学”等新颖的标准，因此，很难用概念、规范、判断和推理等理性思维形式来表示。所以说应采用非理性标准的评价方法，即定性的评价方法来进行“创新”的评价活动。在现代室内设计中，主要采用心理满意度来评判创新度的高低。也就是说，当我们用多种评价指标对现代室内设计的诸多要素进行创新评价时，会得到多种对我们有意义的结果，最终以心理满意度来衡量。将心理满意度作为对现代室内设计一般评价的补充，这是由现代室内设计的特殊性决定的。

伴随着人们对需求的变化，评价的标准也在不断变化。现代室内设计创新评价适用于定性的评价方法。根据评价标准的选择不同，还可以将定性的评价方法分为理性标准评价与非理性标准评价，多样性标准评价与统一性标准评价，流变标准评价与稳定标准评价等。

三、评价的模式

评价的模式是指由评价标准作用于评价对象而形成的评价类型。对于建筑评价来说，主要有建筑的价值评价模式、建筑的社会评价模式、建筑的文化评价模式、建筑的科学与技术评价模式、建筑的环境评价模式、建筑的形式评价模式等。

现代室内设计创新的评价模式是对现代室内设计某一方面的创新评价。不同的评价对象，其采取的评价模式也不同。现代室内设计创新的评价模式主要有创新的价值评价模式、创新的形式评价模式、创新的科学和技术评价模式、创新的环境评价模式。根据评价对象系统的要素特点，选择现代室内设计创新的评价模式如下：

1. 创新的价值评价模式适用于功能因素创新的评价、安全因素创新的评价。

2. 创新的形式评价模式适用于空间形态创新的评价。

3. 创新的科学和技术评价模式适用于技术条件创新的评价、物理环境因素的创新评价。

4. 创新的环境评价模式适用于环境艺术因素的创新评价。

需要注意的是，在某些情况下，以上一些评价模式会有重叠，或者须综合运用多种评价模式来对一种因素进行评价，这几种模式之间是不可分割的。

选择相应的评价模式和方法对各评价对象进行评价，是现代室内设计创新评价的最终目标所在。

四、评价的对象

评价活动由多个环节共同组成，第一个环节是选择评价标准。第二个环节就是运用评价标准，规范评价对象，同时选择适合的评价模式，形成各自的评价视角，从而生成正确的评价。

评价的对象即为评价的因素，是一个系统。从主体的需要来说，这个系统是多方面多层次的。主体的各种需要物化为现代室内设计涉及的因素，概括起来有以下六种。

（一）功能因素创新评价

建筑是为满足人们特定使用功能的需要而建造的，对建筑的这种功能进行进一步完善就是现代室内设计任务之一。现代室内设计创新的任务是在满足基本功能需求的基础上，创造新的功能空间，以满足人们新的需求，并且在进一步完善其功能时还具有新的可操作余地。因此，功能性评价是创新活动中首先要进行的工作。

在具体的评价过程中，我们可以一个客观的定性标准来检查各类型建筑的室内功能设计是否完善。判断其是否符合各类型建筑特定的功能设计原理。在对创新的功能因素进行评价时，应首先判断其是否符合功能设计基本原理，而后再侧重于对功能创新部分的价值进行判断。这是因为功能布局是按照人在其中生活的秩序组织的，各组成部分的功能联系都有自身的规律，因此，创新评价的工作，包含一部分是否满足功能衔接秩序和结合规律的设计评价工作，也包含了功能创新的评价工作。

例如，从功能评价来看餐饮建筑的室内设计，不但要看厨房的平面布置是否符合烹调工艺要求，洁污生熟是否严格区分，而且要看服务流线是否独立、隐蔽，送餐线路是否与顾客流线有交叉等等。从创新的功能的角度来看，有的厨房除了符合烹调工艺要求外，还为厨师巧妙地安排了几处可利用的垂直空间，以节省烹调时间，改善烹调条件；或者服务流线在独立和不交叉的基础上，将操作空间创造性地安置在顾客面前，让顾客在进餐的同时可以看到餐品的制作情景。在通常情况下，现代室内设计评价都遵照人的居住生活秩序，审查其是否合理。例如，从入户时看有没有起门斗功能的空间，以方便住户出入换鞋、整装和避免外界可以看到室内的全景。对于创新设计的评价，侧重看这个门斗空间除了作为门斗空间外还是否具备其他功能，是否设置了特殊的小空间，是否将室内与室外的连接空间赋予了新的形式感等，这些都是创新功能评价的内容。

（二）空间形态创新评价

对现代室内设计来说，空间形态的创新评价也是一个重要的问题。对空间形态的评价，明显带有感性成分。这是因为对空间形态本身的评价是在对形状认识的审美规律的基础上进行的。而对形式美的感受则是建立在个人体验之上的，例如均衡与稳定、对比与微差、韵律与节奏以及比例与尺度等。特别是在当今多元化审美风格的影响下，人们对新的感受也有不同的认识。因此，我们可以从两个方面来看空间形态创新的评价，一方面从遵循形式美原则的角度，看空间形状是否使人感到新颖的愉悦；一方面看是否具有一种颠覆常规的新颖之感，对于这种创新的判断，它的价值只在于它的首创性带来的视觉和心理的刺激感。

（三）技术条件创新评价

在现代室内设计中，技术支撑是实现设计意图，并最终为人们所用所必不可少的。技术条件创新的评价包含结构因素创新评价和构造因素创新评价。

1. 结构因素创新评价

结构因素创新评价包含新建筑室内结构因素和旧建筑改造室内结构因素两方面的内容。对新建筑室内结构因素的评价主要指向新材料、新结构形式的首次应用带来的物质和精神价值；对旧建筑改造室内结构因素的评价特别关注的是增加的载体，如隔墙、书架等，对建筑采用什么样的材料、连接方式和使用功能等。构造因素创新的评价是指对节点构造是否具有创造性做法的判断。

2. 构造因素创新评价

以下是对构造因素的创新评价，以某地自用卫生间为例，讲述构造因素创新评价。

这一自用卫生间是一个全新的建筑设计，其结构与构造形式本身构成了全新的室内空间。从表面上来看，其与奥运场馆“水立方”非常相似，其结构骨架是由混凝土做成蜂窝状的六边形连接而成，内部用塑料泡沫填充使之保温，结构两侧用双层玻璃板夹住，以形成外墙和内墙的光滑又透光的墙面。水平和垂直方向的力支撑依靠金属连接来完成。最巧妙的构思来自对如厕行为的分析与尊重，在蹲位侧墙上设置一个可以上下推的窗，窗外侧预留放置纸巾和烟盒的小空间。无论是在功能上、空间效果上，还是技术条件的应用上，整个设计都充满新意。

（四）物理环境因素创新评价

物理环境因素对室内舒适性有着很大的影响，例如声、光、热、通风等。在现代，运用空调等设施来对这些因素进行人为控制的同时，也给环境带来了一定的危害，因此，倡导生态建筑，“绿色室内”是创新的大方向与最佳选择。也可以说，对物理环境因素创新的评价体现在考虑用生态策略下，选择何种创新的手段及创新的成果，来解决室内环境问题。

例如，在对光环境因素进行评价时，要看方案对自然光利用的程度以及合理性进行判断，而这必然要涉及对开窗的位置和大小的评价。比如，将一个旧的工业厂房改造成画家的画室是可行的，这是因为画家在作画时需要众多的漫反射光，而厂房的高侧光正好满足了这一要求，此外，又有足够的空间来容纳各种形式的画品。但如果将厂房改造成阅览室，则会在室内的某些空间中没有充足的自然光，从而必然要借助人工照明。在对这类构思和方案进行评价时，就要予以否定，重新探讨更好的创新设计构思。另外，在有些室内设计中，为了追求创新，放弃对自然光的充分利用，而盲目追求形式的新颖，把人工光源的照明方式做成对天然光的开洞形式，将人工灯具隐藏其中。对于这类已实施的室内设计，如果在方案时期的评价没有完成好，则可以在设计建成投入使用后，进行使用后评价，即 POE，对这类成果予以指导弥补。

（五）安全因素创新评价

在现代室内设计中，安全因素是一个非常重要的方面，这也是人的基本需求。通常而言，对安全因素的评价主要体现在平面布局是否符合消防规范和装修材料、是否符合防火和环保要求两个方面。

如今，现代室内设计对人们的精神需求越来越理解和尊重，在对安全因素的评价上也逐渐细化到关注使用者个体不同需求上。目前，对有关安全因素设计创新的评价要看设计是否体现了对人行为的深入分析与周密的考虑上。对人深入关怀的考虑通常体现在特殊人群，如儿童、老年人以及残障人士。这类人群既有共同点也有特别之处。并且，在人的一生当中，每个人都有一段时间是属于这些群体的，因此，对这三类人群安全因素的创新评价具有重要的意义。同时，对那些日渐增多的无家可归者，也要考虑。

儿童的问题在于身体协调能力和力量的发展不够，个头小，对于环境缺少经验和见识。为了保障儿童的安全，很多的设计创新都是从儿童的好奇心和游戏行为方面来考虑的。例如，对一个家庭儿童游戏区域的安全因素创新评价要从以下三个方面来着手。

（1）游戏区域是否位于成年人的视野和听觉范围内，并且不打扰其玩要。

（2）家庭楼梯是否考虑儿童上下，设置幼儿门和更细的栏杆等。

（3）是否考虑了家庭浴室内洗手盆、电灯开关、壁橱横杆等儿童使用的情况，是否做成可调节的。

对老年人来说，其大部分时间是在自己家里度过的，因此，在他们的日常家庭生活中面临着诸多的安全问题，例如维修困难、储藏不便，身体不灵活以及视线障碍等，鉴于这些问题的存在，他们对光源、色彩等安全性有更高的要求。因此，对老年人设计的安全因素创新考虑体现在光线不能太强烈，避免产生眩光的设计，在窗位置、开口大小方面的细致考虑。以及色彩对比要强烈，地板材料要特殊，考虑老人摔跤的受伤害的危险降至最低等。

（六）环境艺术因素创新评价

室内环境的创造与满足人们无形的精神需要有着直接的关系。由于室内艺术因素产生的视觉效果比较直观，因此常常是评价的重点所在。在对一项环境艺术创新的内容进行评价时，主要看室内环境的构成要素以及要素间的组合规律是否传递美感与新意，以及这些环境要素在形、色、光、质方面上的设计是否合理，并且能否巧妙地解决问题，带给使用者鲜明的体验。

参考文献

［1］吴卫光，钱缨．室内设计程序［M］．上海：上海人民美术出版社，2017.

［2］刘琛．室内陈设设计［M］．武汉：武汉大学出版社，2017.

［3］王方，杨淘，王健．中外室内设计史［M］．武汉：华中科技大学出版社，2017.

［4］张声远，余海燕，李茂芬．室内设计原理［M］．石家庄：河北美术出版社，2017.

［5］李砚祖．现代室内［M］．重庆：重庆大学出版社，2017.

［6］黄白．传统视觉符号与室内设计［M］．长春：吉林大学出版社，2017.

［7］左明刚．室内环境艺术创意设计［M］．长春：吉林大学出版社，2017.

［8］苏丹，余森．艺术设计与室内装潢研究［M］．北京/西安：世界图书出版公司，2017.

［9］刘圣辉．居住空间室内设计［M］．沈阳：辽宁科学技术出版社，2017.

［10］孙晨霞．现代室内设计语言研究［M］．北京：中国纺织出版社，2018.

［11］吴相凯，黎鹏展．基于环境心理学的现代室内艺术设计研究［M］．成都：四川大学出版社，2018.

［12］黄成，陈娟，阎轶娟．室内设计［M］．南京：江苏凤凰美术出版社，2018.

［13］辛艺峰．建筑室内环境设计［M］．北京：机械工业出版社，2018.

［14］胡小勇，彭金奇．室内软装设计［M］．武汉：华中科技大学出版社，2018.

［15］翟胜增，孙亚峰．室内陈设：第2版［M］．南京：东南大学出版社，2018.

［16］甄伟肖，颜伟娜，孙亮．艺术设计与室内装潢［M］．长春：吉林美术出版社，2018.

［17］陈玲芳，胡兵．新中式室内设计［M］．北京：北京工业大学出版社，2018.

［18］周健，马松影，卓娜，等．室内设计初步［M］．北京：机械工业出版社，2018.

［19］文健，张小林，张志军，等．室内软装饰设计［M］．北京：中国建材工业出版社，2018.

［20］刘东文．现代室内设计与装饰艺术研究［M］．哈尔滨：黑龙江科学技术出版社，2019.

［21］王兆卓．现代室内空间体验设计［M］．哈尔滨：黑龙江美术出版社，2019.

[22] 何杨，吕柠妍．住宅室内陈设设计［M］．长沙：湖南大学出版社，2019.

[23] 陈术渊，吴静，陈祖泽．室内陈设设计［M］．镇江：江苏大学出版社，2019.

[24] 化越．室内设计与文化艺术［M］．昆明：云南美术出版社，2019.

[25] 隋燕，徐舒婕，肖勇，等．室内陈设设计［M］．北京：北京理工大学出版社，2019.

[26] 胡发仲．室内设计方法与表现［M］．成都：西南交通大学出版社，2019.

[27] 高祥生．室内陈设设计教程［M］．南京：东南大学出版社，2019.

[28] 曹航．生态视角下的室内设计策略新论［M］．长春：吉林美术出版社，2019.

[29] 张莹．传统文化融入室内设计教学研究［M］．长春：吉林美术出版社，2019.